POSTHUMAN

만들어진 진화

양은영 지음

진화에 맞선
바이오 기술의 도전

2013년에 개봉한 영화 〈엘리시움〉에는 각 가정마다 보급된 첨단 의료기기 '메디컬 머신'이 등장한다. 메디컬 머신에 잠시 누워 있기만 해도 기본적인 몸 상태를 검진받는 것과 동시에 필요하다면 수술 및 치료까지 받을 수 있다. 백혈병과 같은 난치병 치료는 물론이거니와 폭탄으로 머리의 절반이 날아간 사람도 원상회복이 가능하다.

엘리시움의 만능 메디컬 머신에는 한참 못 미치지만 몇 년 전 프랑스에서도 원격으로 진단과 치료를 받을 수 있는 의료용 캐빈이 출시되었다. 인공지능을 활용해 병증을 진단하고 그 디지털 정보를 전송받은 의료진이 원격으로 처방을 내리는 시스템이 개발된 덕분이다. 불과 몇 년 전까지만 해도 SF 영화나 소설에서 접할 수 있었던 상상 속 의학 기술들이 현실에서 구현되고 있는 셈이다.

오늘날에는 개개인의 유전정보에 바탕한 각종 병 진단 및 예방 처치 또한 활발히 이루어지고 있으며, 세포 단위에서부터 암을 치료하는 유전자 치료제도 개발되었다. 이제 개인 맞춤 의학으로 비만과 암, 심혈관 질환, 퇴행성 뇌 질환 등 현대인의 사망 원인 목록 상위권을 점령한 질병들을 모조리 퇴치할 날도 머지않아 보인다. 인간의 평균수명이 100세에 도달하고, 태어날 아기에게 뛰어난 신체 능력과 지능과 외모를 부여하는 기술이 보편화되는 것 또한 시간문제라 하겠다. 육체적 한계를 과학기술의 도움으로 극복할 수 있다는 희망도, 우리의 기억을 저장장치에 보존함으로써 기계적으로 영생할 수 있다는 꿈도 실현 가능성의 영역에 한껏 근접한 상태다.

그러나 이러한 놀라운 미래가 과연 오기는 할 것인지 의문을 제기하게 만드는 경험 또한 우리는 최근 들어 겪고 있다. 2019년의 코로나 팬데믹은 세계 각지에서 아포칼립스적인 공포를 불러일으켰다. 대도시 뉴욕의 한복판에 시신을 가득 실은 냉동 트레일러가 등장하고, 높은 복지 수준을 자랑하던 스웨덴의 수도 스톡홀름에서는 의료진이 버려두고 떠난 요양 시설에서 노인들이 무더기로 사망했다는 소식이 들려왔다. 베를린, 런던, 파리에서는 전면 봉쇄 조치가 시행되었다.

코로나 팬데믹은 불과 2년 만에 2억 명이 넘는 확진자와 455만 명 이상의 사망자를 낳았다. 2020년 한 해 동안 미국에서 코로나 때문에 사망한 사람은 54만 명이었다. 바이든 대통령이

적절히 표현했듯이 코로나로 인한 미국인 사망자는 "1차 세계대전과 2차 세계대전, 베트남 전쟁에서 사망한 미국인의 수를 합한 것보다 많았다."

아직까지 코로나 팬데믹의 종장을 예측해보기는 어렵다. 다만 이 사태를 통해 현대 바이오 기술의 명암이 극명하게 드러났음은 분명하다. 지난 반세기 동안 인간의 건강을 위협하는 질병에 대한 관심이 이토록 고조된 적은 달리 없었다. 그간 우리는 먹고사는 문제와 직결되지 않는다는 이유로 인체의 작동 원리나 질병의 원인과 치료법, 건강 수명을 유지하는 생활 방식 및 식습관에 무지했고 소홀했다. 이제는 우리의 건강을 좌우하는 신체적, 유전적, 환경적 요인을 비롯해 현대 의학과 바이오 기술이 어느 정도 수준에 이르렀는지 관심을 가질 차례가 되었다.

이 책에서 우리는 수렵채집인의 몸으로 문명사회를 살아가는 현대인의 역설에 대해 살펴볼 것이다. 오늘날 인류는 의학의 발달과 더불어 전보다 더 나은 신체 조건을 갖게 되었고 더 긴 수명을 누리고 있다. 그런 반면에 전에 없던 만성질환, 암, 2형 당뇨병과 온갖 정신 질환에 시달리며 지구상의 어떤 동물도 경험한 적이 없는 병(알츠하이머 등)을 앓을 가능성을 안고 살아간다. 이는 애초에 풍요로운 환경 속에서 100년을 살게끔 설계되지 않은 수렵채집인으로서의 우리 육신과 오늘날 우리를 둘러싼 현대 문명 간의 불일치가 초래한 질환들이다.

인간의 건강 상태는 근본적으로 몸을 구성하는 세포의 돌연변이나 손상 여부에 따라 좌우된다. 또한 우리 몸속에서 장기 간에 걸쳐 동거 중인 미생물이 우리의 건강에 미치는 영향은 이루 말할 수 없이 크다. 우리가 무엇을 먹고 어떻게 자며 어떤 환경 속에서 숨 쉬고 움직이는지가 곧 우리 수명을 결정한다.

요즘 아이들은 모유 대신 프리미엄 분유를 먹고, 항균 제품으로 철저하게 쓸고 닦아 무균 상태나 다름없는 환경에서 가벼운 염증에도 항생제를 처방받고, 스마트폰 화면을 몇 번 터치하기만 하면 현관까지 배달되는 각종 초가공식품을 먹고 자라난다. 초등학교 교실에서 2형 당뇨병에 걸린 비만한 아이들, 각종 알레르기를 달고 살며 콧물을 훌쩍이는 아이들, 장내 미생물 군집의 불균형으로 만성 배변 장애를 겪는 아이들을 만나는 것은 드문 일이 아니다. 평균수명 100세 시대를 운운하는 사회 분위기가 무색하게도 전문가들은 이제 태어나는 아이들이 부모 세대보다 수명이 짧은 첫 번째 세대가 될 것이라고 경고한다.

그런 한편 인류는 고유한 지적 능력으로 당면한 문제들의 원인을 밝혀내고 해결책을 내놓는 신기에 가까운 바이오 공학 시대를 맞이했다. 유전공학 연구자들은 문제를 일으킨 유전자를 뜯어고칠 수 있는 유전자 치료제를 선보였다. 생체공학 연구자들은 망가진 신체 부위를 대체할 수 있는 새로운 장기와 장치를 만들어냈다. 한국인의 사망 원인 1위 자리를 좀처럼 내어줄 생각이 없어 보이는 암조차도 세포 단위 치료제가 개발됨에 따라 제때 진단이 이루어지기만 한다면 완치 가능한 질환이 되었다. 이런 첨단 의학기술로도 어쩔 도리가 없는 난치병을 앓는 사람들이나 사고로 소중한 이를 잃은 사람들은 인체 냉동 보존술의 힘을 빌려서라도 과학기술이 발전한 먼 미래를 기약하고자 한다.

호모 헌드레드 시대가 바야흐로 코앞이다. 이미 평균수명이 80세를 넘긴 오늘날, 사람들은 그저 오래 사는 삶보다 건강하게 오래 사는 삶에 관심을 기울인다. 나아가 일부 의학자들은 노화를 질병으로 바라보고 이를 치료하는 방법, 즉 우리 몸의 생체시계를 되돌릴 방법을 궁리하고 있다. 이들에 따르면 인간이 나이가 들면 죽음에 이른다는 것은 당연한 이치도 자연의 섭리도 아니다. 어쩌면 삶과 죽음에 대한 가치관부터 새로이 정립해나가야 할 수도 있다.

오늘날의 바이오 기술은 이처럼 흥미롭고 경이로운 동시에 모호하고 두렵기까지 한 세계에 뿌리를 내리고 있다. 이 책을 통해 그 현란한 양면성을 들여다보며 자연선택이 빚어낸 진화에 맞선 바이오 기술의 도전이 어디쯤 이르러 있는지 가늠해보자.

차례

PROLOGUE 진화에 맞선 바이오 기술의 도전   005

CHAPTER 1   불로장생의 과학

불로불사의 꿈
  수명 연장을 향한 욕망 017   최초의 냉동인간 019
  부활을 기다리는 사람들 022   냉동인간을 만드는 기술 025
  온전한 나로 되살아나기 032

생명 연장의 과학
  호모 헌드레드 시대 038   생체 시계의 바로미터, 텔로미어 041
  노화는 질병이다 047   노화의 징표 053   길고 멋진 인생 057

CHAPTER 2   풍요로운 문명의 역습

우리 몸에 기록된 진화의 연대기

　수렵채집인의 몸 065　농경의 두 얼굴 068　현대인의 역설 074

풍요가 안겨준 현대인의 병

　만병의 황제, 암 081　만성질환 090　품위 있는 죽음과 퇴행성 질환 097

CHAPTER 3   비만과의 전쟁

비만의 시대

　먹방과 다이어트 111　비만은 가난을 먹고 자란다 117　슈퍼 사이즈 칠드런 123

비만을 부르는 호르몬

　비만과 당뇨의 악순환 130　만성 스트레스와 뱃살 135

　음식 중독 139

다이어트의 과학

　살 빠지는 지방 144　갈색 지방을 공략하다 152

　운동을 해야 하는 진짜 이유 156　내가 먹는 것이 나를 만든다 160

CHAPTER 4 　건강의 열쇠 마이크로바이옴

미생물 인간
· 미생물 유전체 지도 169 × 발견의 순간들 176 × 면역 전쟁 181

마이크로바이옴의 세계
· 생후 3년 안에 결정된다 188 × 장에서 뇌까지 연결된 고속도로 195
· 금보다 값어치 있는 똥 200 × 위생 가설과 오래된 친구 가설 204

미생물과의 공생
· 붉은 여왕의 질주 212 × 프로바이오틱스에게 프리바이오틱스를 218

CHAPTER 5 　유전자가위, 신의 도구인가

진화의 방향을 바꾸다
· 옥자가 나타났다 231 × 유전자의 구조와 역할 236
· 유전자 변형인가 편집인가 239 × 육종, 진화를 가속해서 얻은 것 243
· 생명을 편집하는 도구 250

생명의 설계자가 되어
· 고장 난 유전자를 편집하다 259 × 무엇이든 될 수 있는 배아줄기세포 268
· 기적의 항암 치료제 272 × 아기를 주문하시겠습니까? 279

CHAPTER 6   인간의 미래, 포스트휴먼

인간의 몸을 갈아 끼우다

× 갈아 끼우고 싶지만 289 × 몸 바깥에서 만들어진 장기 292
× 종을 뛰어 넘는 키메라 장기 298

멋진 신세계

× 트랜스휴먼의 도래 306
× 트랜스휴먼에서 포스트휴먼으로 312

EPILOGUE   도덕적 진보의 힘   322
읽을거리   326

불로장생의 과학

불로불사의 꿈

수명 연장을 향한 욕망

불로불사에 대한 인간의 욕망은 수천 년 전의 역사서에도 기록되어 있다. 지금으로부터 2200년 전 진의 시황제는 일곱 개의 나라로 분열되어 있던 고대 중국을 최초로 통일했다. 스스로를 황제라 칭한 진시황은 화폐와 문자, 도량형을 통일하고 법과 행정의 기틀을 닦으며 수도와 지방을 잇는 도로를 건설해 전에 없이 강한 나라를 만들었다.

하지만 진시황은 황제의 권위를 드높이고자 아방궁을 짓고 만리장성과 같은 대규모 토목 공사를 강행하며 문화 탄압마저 일삼은 끝에, 어렵사리 일군 통일 중국을 쇠락의 길로 내몰았다. 폭군으로서 진시황의 명성을 드높이는 데 가장 크게 기여한 것은 다름 아닌 불로불사를 향한 열망이었다.

국고가 바닥을 드러내는데도 진시황은 신비의 불로초를 찾는 과업에 나랏돈을 쏟아부었다. 존재할 리 없는 불사의 약을 찾아오라는 명을 받은 이들은 빈손으로 돌아온들 목숨을 부지하기 어려울 게 뻔하니 돈과 물자를 두둑이 챙겨 진나라를 떠났다. 돌아오지 않는 신하들을 기다리던 진시황은 결국 49세(당시로서는 제법 장수한 편이었다)로 생을 마쳤고, 그로부터 3년 후 진나라는 멸망했다. 영생에 눈먼 황제는 돈벌이에 혈안이 된 자들의 먹잇감으로 전락했으며 볼품없는 말로는 중국 최초의 통일 국가를 세우고 황조의 토대를 이룩했다는 업적마저 가려버렸다.

한정된 수명을 연장하고자 하는 인간의 욕망은 현대에 이르러서도 사그라들지 않았다. 19세기 이후로 가속화된 공중위생 및 의학의 발달로 인간의 평균수명은 연장 일로를 걸었다. 1950년의 세계 기대수명은 49세였으나 2000년에는 66세, 2020년에는 73.2세까지 늘어났다. 오늘날 한국인의 기대수명은 84세로, 1950년에 태어난 사람이라면 2034년까지 살 수 있는 셈이다. 개개인 스스로가 더 오래 살 방법을 궁리하지 않아도 누군가가 고민해서 일구어낸 성과를 함께 누리게 된 것이다.

특히 1920~30년대의 대공황과 2차 세계대전을 겪은 후 전례 없는 호황기를 맞이한 미국에서는 베이비붐이 일면서 인구가 급속히 증가했고, 항생제와 백신 개발 등 의학의 발달로 사망률이 낮아짐에 따라 평균수명이 빠르게 늘어났다. 대규모 중공업과 군수 산업의 성장, 우주 개발에 이르기까지 나날이 발전하는 과학기술을 눈앞에서 목도하며 "지금 내가 앓고 있는 불치병도 언젠가는 과학이 낫게 해줄 거야"라고 생각한 사람들이 나타난 것 또한 어찌 보면 자연스러운 일이었다.

이 무렵 소설에나 등장할 만한 사건이 미국 애리조나주에서 실제로 일어났다. 성인이 들어갈 만한 크기의 냉동고에 호일로 감싼 시신을 넣고 얼려 보존한다는 실험 계획이 발표된 것이다. 그리고 얼마 지나지 않아 최초의 냉동인간이 등장했다.

최초의 냉동인간

1967년 버클리대 교수 제임스 베드퍼드는 인체를 액체질소에 담가 냉동 보존하다가 해동 기술이 발전한 미래에 되살려낸다는 SF적 상상을 실행에 옮기기로 했다. 베드퍼드의 유언에 따라 유가족은 그의 시신을 냉동했고, 냉동 상태로 유지되던 시신은 1982년 알코르 생명연장재단에 인계되었다. 1991년 냉동 보존용 캡슐 교체 과정에서 시신의 상태를 확인한 재단 관계자는 신체 일부가 손상되기는 했지만 보존 상태가 양호하다고 판단했다. 그렇다면 베드퍼드는 소원대로 미래의 어느 날엔가 부활할 수 있을까?

오늘날 우리에게 가장 친숙한 냉동인간은 마블 영화 〈퍼스트 어벤져〉의 주인공 캡틴 아메리카일 것이다. 그는 슈퍼 솔저가

1967년 인류 최초로 냉동인간이 된 제임스 베드퍼드

되어 2차 세계대전에서 활약하다가 그린란드의 얼음 속에 파묻힌다. 70년 동안 산 채로 얼어붙어 있었던 캡틴 아메리카는 쉴드 기관의 첨단 기술로 해동되어 어벤져스의 일원이 된다. 이처럼 인체 냉동이라는 개념은 SF 영화나 소설에서 시간을 뛰어넘어 미래에 뚝 떨어진 사람이나 장거리 탐사를 떠나는 우주선의 승무원을 위한 설정으로 종종 등장한다.

냉동인간의 가능성을 진지하게 연구해 인체 냉동 보존을 과학적 가설로 제시한 인물이 있다. 미국의 물리학자 로버트 에틴거는 개구리의 정자를 냉동했다가 소생시키는 실험을 보고 인체를 냉동 보존할 방법을 연구해 『냉동인간』이라는 책을 썼다.

인간을 비롯한 생명체를 유리화 과정을 거쳐 냉동시켜 극저온 상태에서 보존하는 것을 크라이오닉스(cryonics)라고 한다(위). 겨울철 곰이나 쥐가 모든 외부 활동을 멈추고 마치 잠을 자는 듯한 상태로 지내는 것은 동면(hibernation), 즉 겨울잠이라고 하는데(아래), 이는 그냥 긴 잠을 자는 것이 아니라 생명에 지장이 없을 정도로 체온을 낮추고 최소한의 대사 작용만으로 축적한 에너지를 소비하며 버티는 일종의 혼수상태다.

그는 사망 신고가 내려진 직후 뇌와 조직의 손상을 막기 위해 인공적으로 호흡과 혈액 순환을 유지한 채 체내의 혈액을 모두 제거하고 부동액을 주입한 인체를 -196도의 액체질소 용기에 보관하면 세포의 손상을 최소화해 냉동인간을 만들 수 있다고 말했다.

1962년 이 책이 쓰였을 당시에는 냉동된 인체의 장기나 세포 기능을 원래 상태로 회복할 수 있는 기술이 존재하지 않았다. 그러나 에틴거는 가까운 장래에 과학과 의학 기술이 비약적으로 발전해 냉동인간을 되살려내는 데 성공하리라고 낙관했다. 이에 따라 그는 자기 아내와 어머니의 시신을 냉동 보존하기로

1962년 로버트 에틴거가 발표한 『냉동인간』. 이 책에서 그는 죽음을 "제대로 보존되지 못해 다시 태어날 수 없는 상태"라고 정의했다.

결정했으며 냉동인간의 법적, 제도적 권리도 보호되어야 한다고 주장했다.

에틴거의 장밋빛 전망처럼 이미 사망 선고를 받은 사람을 부활시키는 과학기술이 개발될 수 있을까? 『냉동인간』의 출간으로부터 60여 년이 지난 오늘날의 의학은 과거의 불치병을 치료할 수준에는 도달했을지 모르나, 인체를 냉동하고 해동하는 과정에서 발생하는 손상을 복구하고 해동한 시신을 소생시키는데에는 이르지 못했다. 2011년 사망한 에틴거 역시 냉동고에서 부활을 기다리고 있다. 에틴거의 기대에 부응하는 기술 수준에 이르려면 얼마나 더 오랜 시간이 필요할까?

부활을 기다리는 사람들

최초의 냉동인간 제임스 베드퍼드의 시신을 보존

하고 있는 알코르 생명연장재단은 1972년에 설립되었다. 당장은 살 방도가 없으나 언젠가 되살아날 기회가 주어질 거라고 믿는 사람들의 니즈needs를 충족시키는 서비스를 제공하는 업체는 알코르 생명연장재단 외에도 전 세계에 세 곳이나 더 있다. 2020년 시점에서 냉동 보존된 고객 수는 600명을 넘어섰고 사후 신청 예약자까지 포함하면 3000명이 넘는다.

이 많은 사람들이 사망 선고를 받고도 장례식 대신 냉동고를 선택하는 것은 못 다 누린 삶에 대한 아쉬움이 크기 때문이다. 누군가에게는 이들의 행동이 생에 대한 집착이나 어리석은 미련으로 비칠 수도 있을 것이다. 그러나 이러한 결정을 내린 사람들의 사연을 가만 들여다보면 섣불리 평가 내리기 어려운 부분이 있다.

『생명 연장 특급』의 저자 데이비드 케키치는 스무 살 때 사고로 하반신이 마비되었다. 이후 갑작스럽게 어머니가 세상을 떠나자 케키치는 아버지와 자신이 죽은 후에 시신을 냉동 보존하겠다고 마음먹었다. 주위의 반대에도 불구하고 그가 이런 결정을 내린 것은 장애를 가진 아들을 지켜보며 마음 아파했던 부모님에게 꼭 한 번은 건강한 자신의 모습을 보여주고 싶었기 때문이다.

태국에서는 겨우 세 살밖에 안 되는 어린 딸이 뇌암으로 세상을 떠나자 언젠가 뇌암을 치료할 수 있게 되는 날이 오기를 기대하며 아이의 신체를 냉동 보존한 부부의 이야기가 다큐멘터리로 제작되기도 했다.

KAIST 바이오및뇌공학과 교수 정재승은 오늘날 우리가 갖고 있는 삶과 죽음에 대한 가치관은 고정된 것이 아니며 우리를 둘러싼 과학기술의 토대가 바뀌면 변할 수도 있는 것이라고 말한다. 과거에는 심장마비가 일어나면 달리 손쓸 도리가 없었지만 지금은 골든타임 내에 심폐소생술을 실시하거나 자동심장충격기를 사용하면 생존할 확률이 90퍼센트가 넘는다. 중환자가 수술을 받을 수 있을 때까지 저체온 요법이나 생명 유지 장치를 사용하는 것을 두고 어리석다고 말하는 사람도 없다. 지금의 난치병을 치료할 기술이 100년 후가 아니라 5년 후에 개발될지도 모르는데 누가 그 선택을 무모하다고 단언할 수 있겠는가.

미국에서 인공지능 개발업체를 운영하는 한 부부는 지난 20여 년간 인공지능 기술이 하루가 다르게 발전하는 모습을 지켜보며 과학기술이 바꿔놓을 미래에 큰 기대를 품게 되었다. 부부는 먼 미래의 모습이 어떠할지 궁금한 마음에 사후 냉동 보존을 선택했다. 이들은 과학기술로 죽음을 피해갈 수 있다고 믿지 않는다. 설령 다시 깨어나지 못한다 해도 훗날 학자들이 냉동 보존된 자신들의 몸을 연구하는 것에 의미가 있다고 여긴다.

사후 냉동 보존 서비스 신청자의 상당수는 첨단 기술 분야에 종사하며 과학의 힘을 믿는 사람들이다. 이들은 불가피한 죽음을 수용하면서도 장차 과학기술이 충분히 발전한다면 두 번째 인생을 선물받을지 모른다는 가능성에 적지 않은 비용을 지불한다. 기약 없는 미래에 최소 9000만 원에서 최대 2억 원이 넘는 금액을 투자한다는 것은 인체 냉동 보존 기술의 이론적 토대가 그만한 설득력을 갖고 있다는 뜻이기도 하다. 그렇다면 냉동인간은 어떻게 만들어질까?

냉동인간을 만드는 기술

알코르 생명연장재단은 고객들이 인체 냉동 보존 과정을 명확하게 이해하고 결정을 내릴 수 있도록 이론과 실제로 적용되는 기술, 향후의 관리 체계에 대해 상세히 소개하고 있다. 냉동 보존 서비스를 신청한 고객이 사망에 이를 만한 응급 상황이 발생하는 순간 보존 절차가 시작된다. 냉동 보존 과정에서 가장 중요한 요소 가운데 하나는 사망 직후부터 1차적으로 시신을 냉각시킬 때까지 걸리는 시간이다.

1차 냉동 처리에 앞서 의사는 사망자의 심폐 기능이 정지한 것을 확인하고 의학적 사망 선고를 내린다. 이때에도 세포와 장기는 생물학적으로 살아 있는 상태다. 심장이나 각막 등 사후 몇 시간 이내에 기능을 잃을 수 있는 장기를 보존하고 세포의 손상을 막기 위해 시신을 아이스박스에 넣고 인공호흡 장치로 산소를 공급한다. 냉동인간을 되살린다는 것은 이론상 사망 당시 상태로 복원하는 일이므로 인체의 손상을 최소화하기 위해 최장

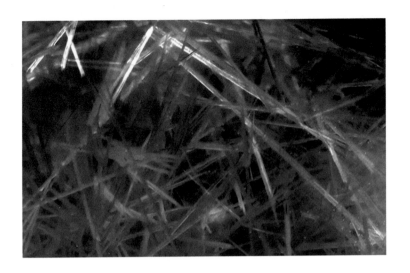

물 분자는 동결 과정에서 부피가 커지고 뾰족한 창과 같은 형태로 바뀐다. 인체에서 물이 차지하는 비중은 60~80퍼센트에 이른다. 시신을 냉동시킬 때 얼음 결정이 생성되어 손상을 입은 세포는 복구할 수 없다.

12시간의 골든타임 내에 냉동 처리 과정을 끝마쳐야 한다.

시신을 냉동시키려면 화학물질을 사용해 전신을 유리 상태로 바꾸는 유리화 과정을 거쳐야 한다. 우선 시신에서 혈액을 완전히 제거한 후 온몸의 혈관으로 디메틸술폭시드와 같은 동결방지제가 포함된 보존액을 투여하고 외부에도 보존액을 도포해 신체가 뒤틀리는 일을 방지한다. 동결방지제는 삼투압 현상을 일으켜 세포에서 수분을 빼내고 그 자리로 침투해 얼음 결정이 생성되지 않도록 막아준다. 물 분자는 동결되면 크기가 불어나면서 뾰족한 창과 같은 형태를 이루는데 이 얼음 결정이 세포막을 찢고 단백질을 파괴한다. 한번 파괴된 세포는 복구가 불가능하기 때문에 냉동에 앞서 수분을 제거하는 작업이 필수적이다.

유리화 처리를 한 후에는 급격한 온도 변화로 조직이 손상되지 않도록 -70도 정도까지 서서히 시신을 냉각시킨 다음 극저온 냉각 캡슐에 넣는다. 액체질소가 담긴 냉각 캡슐은 모든 생체 세포 분자의 활동이 정지하는 -196도의 극저온 상태를 유지한다. 정전이나 지진, 전쟁과 같은 위험 상황에도 대비할 수 있는 특수 시설에서 보관하며, 냉동 보존 서비스를 제공하는 업체는 해동 기술이 개발될 때까지 날마다 캡슐의 온도를 점검하고 주기적으로 시신의 보존 상태를 확인하고 갱신하며 관리한다.

이렇게 냉동 보존된 사람들이 생전의 바람대로 깨어날 날이 과연 올까? 죽은 채로 냉동된 사람을 되살려내는 기술은 아직 존재하지 않지만, 해동될 날만을 손꼽아 기다리는 냉동인간들의 기대에 부합하는 희소식은 꾸준히 들려온다.

생체 조직을 극저온 상태로 냉동시켜 장기간 보존하는 과정에서 가장 중요한 것은 효과적인 동결 방지 기법을 찾아내는 것이다. 이에 대한 연구는 장기 이식과 난임 치료 분야에서 일찍부터 진행되어왔다.

2016년 영국에서는 무려 15년간 냉동 보존되었던 난소를 이식받은 여성이 무사히 아이를 출산했다는 소식이 전해졌다. 유전병을 갖고 태어난 모아자 알 마트루시는 아홉 살 때 난소에 치명적인 손상을 입을 수 있는 화학요법 치료를 받게 되었다. 치

냉동된 시신을 보관하는 액체질소 냉동 캡슐. 정전이나 지진 등의 비상사태에도 냉동이 풀리는 일이 일어나지 않도록 특수한 설비가 갖춰져 있다.

료에 앞서 한쪽 난소를 떼어내 냉동 보존한 그녀는 성인이 되어 냉동 보관해둔 자신의 난소를 해동해 이식받았다. 놀랍게도 제 기능을 발휘한 난소에서 정상적인 난자가 생성되어 이를 이용한 체외수정에 성공한 마트루시는 건강한 아이를 낳았다. 냉동된 난소를 이식받아 출산에 성공한 사례가 처음으로 보고된 2004년 이래로 난소를 냉동 보존한 여성들의 임상 사례는 계속 늘어가고 있다.

　최근 들어서는 화학요법 등의 치료 목적 외에도 출산 연령의 상승과 관련해 미리 정자나 난자를 냉동 보관하는 경우가 늘고 있다. 크기가 작은 정자는 난자에 비해 냉동 처리가 수월하지만 인간의 세포 가운데 가장 큰 난자는 유리화 단계를 거쳐야 하므로 처리 과정이 훨씬 복잡하다. 세포 동결 기술을 활용해 난임을 치료하는 차 여성의학연구소는, 정자는 사전 처리 없이 서서히 동결했다가 느리게 해동시키고 동결방지제를 투여한 난자는 빠르게 얼렸다가 빠르게 해동시키는 방법으로 냉동 전과 거의 동일한 상태의 정자와 난자 보존에 성공한 바 있다. 이미 국내에서도 10년 이상 냉동 보관한 정자와 난자를 이용해 인공수정에 성공한 사례가 나오기도 했다.

난치병을 치료하는 데 쓰이는 줄기세포를 추출할 수 있는 제대혈을 장기 보존할 때도 동결방지제를 사용한다. 제대혈은 산모와 태아를 연결하는 탯줄에서 얻을 수 있는 혈액으로, 혈액세포를 만드는 조혈모세포와 뼈와 연골, 신경세포 등을 재생하는 줄기세포가 다수 포함되어 있다. 백혈병이나 각종 암, 대사 질환을 치료할 때 제대혈에서 추출한 세포를 활용하면 이식 거부반응이 적다. 다만 제대혈 채집은 분만 직후에만 가능하기 때문에 향후 필요해질 시점까지 냉동 보관하는 일이 관건이다.

장기나 세포, 혈액을 냉동 보관할 때 얼음 결정이 생성되어 세포나 단백질을 파괴하는 것을 막기 위해 사용하는 동결방지제는 크게 세 가지로 나뉜다. 첫 번째는 세포 내로 침투해 얼음 결정 생성을 방지하는 물질로 에틸렌글리콜이나 디메틸술폭시드 등이 있다. 두 번째는 세포 밖에서 세포 내부와의 삼투압 차

이를 조절하는 물질로 수크로스와 같은 당류가 여기에 해당한다. 세 번째는 이 두 가지 외에 추가적으로 동결 손상을 억제하는 결빙방지단백질로, 극지에 사는 동식물이 극저온 환경에서 스스로를 보호하고자 체내에서 생성하는 천연 단백질을 들 수 있다.

결빙방지단백질은 극지에 서식하는 어류에서 직접 추출해야 얻을 수 있기에 유통량이 제한적이라서 그램당 1200만 원을 호가한다. 장기 이식이나 생체 조직을 냉동 보관할 때 사용되는 동결방지제와 관련해 간혹 독성 문제가 발생하는데, 물고기의 결빙방지단백질은 독성이 없고 동결 방지에도 훨씬 효과적이다.

2010년 한국극지연구소는 북극에서 특별한 결빙방지단백질을 찾아냈다. 북극 다산기지 근처에 있는 담수호 쌍둥이 호수에 주목한 연구진은 호수의 빙상 핵에서 새로운 균류를 발견했다. 얼음 기둥 내부에 얼지 않는 가느다란 물길을 내고 돌아다니는 효모였다. 이 효모는 얼음의 어는점을 낮추는 활성을 띠는데, 기존에 알려진 극지 생물들로부터 발견된 적이 없는 3차원 구조의 단백질을 지니고 있었다.

연구진은 이 독특한 결빙방지단백질을 만드는 효모의 유전자를 밝혀냈다. 그리고 유전자 재조합 기술을 활용해 안정성이 높은 단백질을 배양하는 데 성공했다. 이 기술 덕분에 이전까지는 돈이 있어도 공급이 부족해 사용할 수 없었던 결빙방지단백질을 언제든지 필요한 만큼 대량으로 생산할 수 있게 되었고, 이를 원천기술로 등록함에 따라 전 세계의 생체 냉동 및 해동 분야

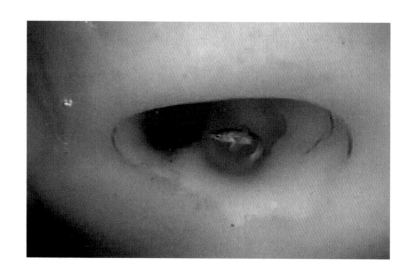

왜 극지의 얼음 바다에 사는 물고기들은 -1.9도의 물에서도 자유 롭게 헤엄칠 수 있을까? 극지의 물고기들은 어는점을 1.2~ 1.3 도가량 낮추는 결빙방지단백질을 생성해 체내 세포에서 얼음 결정이 생성되는 것을 방지한다. 또한 이 단백질은 작은 얼음 결정들이 엉겨 붙으면서 커지는 얼음의 재결정화를 억제한다.

연구자들에게 새로운 활로가 열렸다.

한국극지연구소 책임연구원 이성구는 냉동인간이 성공적 으로 부활할 가능성이 전에 비해 높아진 것은 분명하다고 말한 다. 세포 수준에서 냉동할 때 얼음 결정이 생기는 일을 원천적으 로 봉쇄하고 해동할 때 얼음 재결정화 단계를 건너뛰는 것이 가 능하다는 연구 결과는 이미 공개된 바 있다. 이성구는 이러한 방 식을 세포가 아닌 인체 단위에 적용하는 데 결빙방지단백질이 중요한 역할을 담당할 것이라고 내다본다.

온전한 나로 되살아나기

2015년 췌장암으로 사망한 중국의 소설가 두훙은 자신의 뇌만 따로 떼어 냉동 보존하겠다는 결정을 내림으로써 중국 최초의 냉동인간이 되었다. 두훙처럼 전신이 아닌 머리, 즉 뇌만 냉동 보존하고 싶어 하는 사람들이 점점 늘고 있다. 냉동 보존 서비스를 제공하는 기업들은 장기의 일부인 뇌만 냉동시키는 편이 더 간단하고 안전하며 비용도 적게 든다고 말한다.

뇌 냉동 보존을 희망하는 사람들은 전신을 냉동하고 해동하는 과정에서 신체가 손상될 위험을 줄이는 동시에 급속도로 발전해가는 뇌과학과 인공장기 및 인공신체 연구의 성과에 기대를 건다. 냉동된 신체를 원상태로 복원할 수 있는 수준의 의학 기술이 출현하는 시점에는 뇌의 DNA를 활용해 전신을 재생하거나 나노 기술을 이용해 새로운 몸을 만들 수도 있지 않겠느냐는 것이다.

냉동인간이 되려는 사람들에게 가장 중요한 것은 냉동되기 이전에 살아 있던 자신의 존재를 되살리는 일이다. 나와 DNA만 동일할 뿐인 새로운 존재가 되고자 거금을 쾌척하는 사람은 드물지 않을까 싶다. 자신의 기억, 감정, 의식을 고스란히 간직한 채 완전히 새로운 몸으로 소생하는 것. 전신을 냉동하든 뇌만 냉동하든 기억과 자아, 성격 등 정신적 기능을 원래대로 복구하는 것이야말로 모든 냉동인간의 최종 목표이다.

그러나 인간의 뇌 구조는 매우 복잡하기 때문에 다른 장기와 달리 냉동 및 해동 과정을 견디기가 쉽지 않다. 더군다나 뇌는 정보를 저장하고 활용하는 곳이므로 정보의 손실을 막으려면 살아 있는 뇌의 나노 단위 미세 구조가 훼손되지 않아야 하며 내부의 단백질도 그대로 보존되어야 한다. 만약 뇌의 미세 구조를 고스란히 냉동 보존할 수 있는 방법이 있다고 해도 해동 과정에서 뇌의 일부가 손상될 경우에 이를 복구할 수 있는 기술도 필요하다. 그러기 위해서는 먼저 살아 있는 뇌가 어떻게 작동하는지를 알아야 한다.

뇌과학자들은 인간의 뇌지도connectome를 만들어 뇌의 작동 원리를 파악하려고 노력해왔다. 이는 뇌를 스캔하고 나노 단위로 이미징해서 신경세포들 간의 연결 관계를 3D 지도화하는 작업이다. 뇌지도를 통해 우리는 기억과 인지 능력, 개인의 정체성에 관련된 뇌의 활동을 세밀하게 관찰할 수 있다. 하지만 복잡하고 변화무쌍한 1000억 개의 신경세포로 구성된 인간의 뇌를 이미징하려면 어마어마한 양의 전자현미경 데이터를 분석해야 한다. 생쥐의 뇌지도를 이미징한 연구자들은 약 100테라바이트의 데이터를 분석해야 했다. 인간의 뇌에서는 생쥐의 1000배가 넘는 데이터가 발생하는데 이를 활용해 뇌지도를 그리려면 오늘날 전 세계가 보유한 데이터 저장 용량의 절반이 필요하다.

차마 엄두가 나지 않을 만큼 큰일인 것은 사실이지만 진전은 있었다. 2009년 미국 국립보건원은 미국, 영국, 네덜란드 등

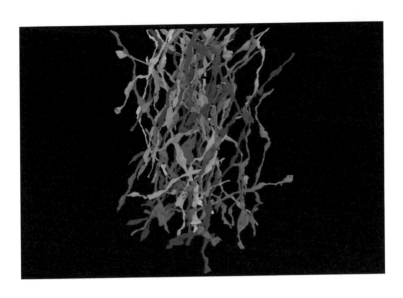

생쥐 뇌의 신경 가닥 하나를 형상화한 지도. 쥐의 뇌는 약
7500만 개의 신경세포로 이루어져 있는데, 그에 반해 인간의
뇌는 약 1000억 개의 신경세포로 구성되어 있다.

여러 나라 연구진이 공동으로 참여한 '인간 커넥톰 프로젝트'를
시작해 2016년에는 대뇌겉질 뇌지도를 완성했다. 2017년 유럽
연구이사회가 진행한 '인간 발육 커넥톰 프로젝트'는 자궁 속 태
아의 뇌가 발달하기 시작하는 임신 28주 무렵부터 출산 직후에
이르기까지 태아-신생아의 뇌 발달 상황을 추적한 뇌지도를 만
들었다.

　　또한 살아 있는 사람의 뇌는 두개골에 싸여 있어 직접적인
연구를 진행하는 데 어려움이 있었는데, 신경세포와 줄기세포
로 3차원 인공 뇌를 만드는 데 성공했고 3차원 뇌 신경망에서 실

시간으로 신호를 측정하는 기술도 개발해냈다. 이런 연구를 통해 치매나 감각 장애, 조현병과 같은 뇌 질환의 치료 방법을 개발하고 있으며, 다른 한편에서는 이를 토대로 인간의 지능과 인지 능력을 모방한 인공지능 신경망을 구현하려는 노력이 이루어지고 있다.

물론 생쥐의 뇌지도를 완성했다고 해서 생쥐 뇌의 작동 원리를 전부 밝혀냈다거나 자유자재로 제어할 수 있게 되었다는 것은 아니다. 인간의 뇌지도가 완성되려면 아직 갈 길이 멀지만 전 세계의 뇌과학자들이 일구어낸 부분적 연구 성과들을 한데 공유하고 발전시키며 한 걸음씩 앞으로 나아가고 있다. 이러한 크고 작은 노력들이 누적되면 어느 순간 혁명적인 도약이 이루어진다. 뇌과학은 인간 뇌의 작동 원리를 밝혀내는 것을 목표로 삼고 있다. 그 목표점에 가까워지면 냉동된 뇌에 깃든 기억과 정체성을 온전히 복원해 나다움을 유지하면서 소생하는 것도 불가능한 일이 아닐지 모른다.

영면에 드는 대신 -196도의 차가운 냉동고에 들어가기로 결정한 사람들은 단지 생명 연장을 꾀하려는 마음만으로 비싼 값을 치르는 게 아니다. 그들은 인간의 신체를 수십 년간 온전히 냉동 보존할 수 있는 기술이 다른 곳에서도 두루 활용되기를 기대한다. 장기 이식이나 제대혈 보관, 유전자 치료를 비롯해 뇌에 대한 광범위한 연구와 세포 복구를 위한 나노 기술, 머지않아 장거리 우주여행을 떠날 탐사대를 위한 인공 동면 기술에 이르기까지 생명공학 기술을 고도화하는 데 냉동 보존 기술이 기여하길 바란다. 또한 냉동인간의 부활이 과학적으로 실현 가능한 일인가라는 논쟁을 넘어서, 과학기술이 발전함에 따라 생물학적 죽음과 법적 죽음을 구분하고 생명이란 무엇인가를 재정의하는 등 세분화된 사회윤리적 논의가 필요하다는 사실을 우리에게 일깨워준다.

고대 바빌로니아의 서사시에서 죽음의 공포와 싸우며 영생을 찾아 나선 길가메시는 죽음을 인간의 숙명으로 받아들이며 기나긴 여정을 마감했다. 이는 죽음에 맞서 싸운 최초의 인간에 대한 기록으로 수천 년이 지난 오늘날까지 전해오고 있다. 차갑고 고독한 냉동고에서 부활을 고대하는 21세기의 냉동인간들은 죽음과 맞서 싸우는 것이 아니라 죽음이 지쳐 나가떨어지기를 기다리고 있는 게 아닐까.

생명 연장의 과학

호모 헌드레드 시대

2009년 유엔은 「세계인구고령화」 보고서에서 과학기술의 발전으로 평균수명이 100세까지 늘어나 긴 노년기를 살아가는 것이 보편화될 인류를 '호모 헌드레드 Homo-hundred'라고 일컬었다. 2020년에는 전 세계적으로 100세 이상 장수한 사람들이 34만 명을 넘어섰다. 우리나라만 해도 2030년에는 100세 이상 인구가 1만 명에 이를 것으로 추정된다. 인간의 평균수명이 계속해서 늘어나고 출산율이 낮아지면서 전체 인구 가운데 만 65세 이상인 사람의 비율이 20퍼센트를 넘어서는 초고령 사회로의 진입 또한 가속화되고 있다.

문제는 대부분의 사람들이 60대 중반에 은퇴를 하고 나서 30년 이상을 노인으로 살아가야 하는데, 노후의 생활비와 의료

비에 들어가는 비용을 순전히 연금만으로 충당하기가 어렵다는 점이다. 또한 점차 줄어드는 청장년층이 부양해야 하는 노인 수가 증가하게 되므로 그만큼 이들이 짊어져야 하는 부담이 커지고 세대 간의 갈등이 심화될 수밖에 없다.

100세 시대의 도래는 여력이 있는 사람에게는 축복이지만 준비되지 않은 사람에게는 죽기 전까지 벗어날 수 없는 재앙이나 다름없다. 60대에 은퇴한 후 오랜 기간 일을 쉬어 경제적으로 여유가 없고 몸이 아파 의료비 부담이 늘어나지만 병원 치료를 받기도 여의치 않은 데다 돌봐줄 가족이나 보호자 없이 홀로 수십 년을 살아야 한다는 건 개인의 문제가 아닌 사회적 문제다.

아직 평균수명이 80대 중반인데 벌써부터 100세 시대를 운운하는 것은 무직, 빈곤, 질병, 소외와 같은 장수 사회의 문제들이 사회제도만으로 대비할 수 있는 게 아니기에 한 살이라도 젊을 때부터 개개인 스스로도 대비책을 마련해야 한다는 경고이기도 하다.

1986년 미국 노년사회학회에서는 '성공적인 노화'라는 개념을 제시했다. 성공적인 노화는 일반적인 노년기의 쇠퇴와 비교했을 때 식습관 개선이나 운동 등을 통해 신체적 건강을 유지하고자 노력하고, 은퇴 후에도 적극적으로 사회적 관계를 형성하고 생산적인 역할을 수행하며, 인지 능력이 떨어지지 않도록 꾸준히 자기 계발과 학습에 힘써온 생활 유형을 가리킨다.

성공적인 노화에 대한 담론은 2000년대 들어 더욱 활발해졌으나 일각에서는 지나치게 이상화된 '슈퍼 노인'을 기준으로 제시하는 것이 오히려 질병이나 장애를 가진 노인이나 경제적 어려움을 겪는 노인을 실패한 노화로 단정 짓는 부작용을 낳는다는 비판이 제기되었다. 예를 들어 어떤 문화권에서는 자녀들이 노인이 된 부모를 봉양하는 것을 마땅한 도리로 여기며, 나이가 들수록 껄끄러운 관계는 털어내고 소수의 의미 있는 사람들과의 관계에 집중하며 살아가는 것이 지혜로운 일일 수도 있다. 노화에 대한 연구는 해당 사회의 문화적 특성과 생태적 환경을 토대로 개인적인 긍정, 부정 요인을 입체적으로 고찰하면서 진행되어야 한다.

우리 사회에서 평균수명의 증가와 더불어 노화에 대한 다양한 논의가 펼쳐지는 것은 시의적절할뿐더러 반드시 필요한 일이다. 이러한 인식의 저변에는 노화가 모든 사람이 필연적으로 겪게 마련인 현상이라는 전제가 깔려 있다. 그런데 만약 이 전제가 달라진다면 어떻게 될까? 노화가 찾아오는 일을 근본적으로 막을 수 있게 된다면 노화에 대한 논의 또한 아예 다른 방향으로 나아가야 할 것이다.

80대에도 30대와 별반 다름없는 신체 능력과 인지 능력을 발휘할 수 있다면 은퇴 시기 자체를 재고해야 한다. 활력이 넘치는 90대와 60대, 40대, 20대가 한 공간에서 일할 때 70년이 넘는 세대 차이의 간극을 어떻게 메울 수 있을지 논의해야 한다. 죽기 직전까지 한창때와 마찬가지로 활동적일 수 있다면 인생의 2막,

3막을 언제든지 새로 설계할 수 있는 사회적 지지 기반이 필요하다.

호모 헌드레드 개념을 최초로 정의한 유엔 보고서에서 주목할 부분은 "과학기술의 발전으로" 평균수명이 늘어났다는 대목이다. 고령화 사회를 앞둔 사회적, 개인적 대비책에 대한 논의가 치열하게 이루어지는 동안 과학계에서는 새로운 시각이 등장했다. 수십 년간 생명공학 분야에서 인간을 연구해온 사람들이 인체의 노화 시계를 멈출 방법을 제시한 것이다.

생체 시계의 바로미터, 텔로미어

세월이 흐르면 누구나 늙고 병들어 죽게 마련이다. 오랫동안 생물학자들은 생명의 기본 원리를 밝혀내고자 죽음을 들여다보았다. 지구상의 생명체는 죽음이라는 개념이 없는 단세포 생물에서 다세포 생물로 진화함에 따라 후손을 낳고 선대가 죽는 과정을 반복하며 종의 생존에 보다 적합한 유전자를 남긴다. 그 과정에서 유전자는 단일 개체의 수명을 연장하기보다 번식에 성공하고 자식이 무사히 성체가 될 때까지 살아남는다는 목표에 성실히 이바지한다. 이런 맥락에서 노화는 그저 시간이 흐르면 불가피하게 일어나는 일, 생명체에게 부여된 숙명적 퇴행이라고 여겨졌다.

1988년 미국의 토머스 존슨은 예쁜꼬마선충에서 노화를 촉진하는 유전자를 발견하고 이를 통제함으로써 선충의 수명을 두 배까지 늘렸다는 연구 결과를 발표했다. 1993년 신시아 케니언 또한 유사한 연구 결과를 얻었다. 이 놀라운 일련의 연구 덕분에 노화 역시 유전자가 빚어내는 생물학적 과정이라는 인식이 생겨났다. 이후 노화 연구는 암 연구와 관련해 진행되었고 노화와 암 모두 세포의 손상이 축적됨에 따라 일어나는 현상이라는 인식이 확산되었다.

노화에 대한 인식의 전환은 세포를 손상시키는 근본 원인을 찾아내고 손상된 세포를 재생해서 노화를 지연시킬 가능성을 제시했다. 후천적 노력으로 인간의 수명을 늘릴 수 있는 발판이 마련된 것이다. 그러나 사실 훨씬 오래전부터 인간은 스스로의 노력으로 자연적 수명을 꾸준히 늘려왔다.

맨 처음 두 발로 서서 걷기 시작한 우리 조상들은 자유로워진 손을 사용해 도구를 집어 들었다. 사냥을 하기에는 너무 느린 발과 덩치 큰 동물을 제압하기에 턱없이 부족한 힘, 밤에는 아무런 쓸모가 없는 눈, 어렵게 사냥한 고기를 뜯고 씹기에는 부실하기만 한 턱과 치아를 지닌 인간은 자연에서 얻은 재료로 무기를 만들고 불로 요리를 하면서 생존에 불리한 약점을 극복해나갔다.

수백만 년 동안 지속되어온 수렵채집 생활에서 벗어나 농사를 짓고 가축을 키우며 식생활을 개선한 것은 비약적인 혁신이었다. 이를 계기로 지구상의 인구는 늘어났으나 수천 년이 지나도록 평균수명은 여전히 30세 미만에 머물러 있었다.

의료 기술이 변변찮고 기본적인 보건이나 위생 개념조차 없던 시절 전염병은 인류의 사망 원인 1순위였다. 1800년대에 들어와 현대적 의료 체계가 발전하면서 병원균의 실체와 전염 경로가 밝혀지고 백신과 치료제가 개발되자 전염병에 걸려 죽는 사람들의 수가 줄어들었다. 식생활을 바꿔 영양 상태가 개선되고 의학이 발전함에 따라 인간의 수명은 급격히 늘어났다.

1997년 노벨 경제학상을 수상한 미국의 로버트 포겔은 지난 300년간 기록된 경제학적 수치들을 종합 분석해 기술적 발달이 인간의 건강과 수명에 어떤 영향을 미치는지 연구했다. 그 결과 식량과 에너지 생산, 교역, 통신, 의학, 위생, 여가 서비스 분야의 기술적 발전 덕분에 인간은 물리적으로(키와 몸무게가) 50퍼센트 이상 거셨고 뇌, 심장, 폐, 위와 같은 주요 장기들의 기능이 두드러지게 향상되었으며 결정적으로 수명이 두 배가량 연장되었다는 사실을 확인할 수 있었다. 포겔은 이를 '기술생리적 진화'라고 정의하며 "유전적 요인이 아닌 기술적, 생리학적 발전이 인간의 생물학적 진화를 추동한다"라고 말했다.

오늘날 평균수명은 연장 일로에 있지만 100세를 넘겨서까지 사는 사람은 여전히 소수로 전 인류의 5퍼센트에 불과하다. 현대 사회의 인간이 기술생리적 진화의 수혜를 입었다고는 하나 최초의 호모사피엔스와 마찬가지로 노화에서 벗어날 수는 없기 때문이다. 그러나 몇몇 과학자들은 세포 단위의 손상으로 노화가 일어나는 것이라면 과연 노화는 불가피한가라는 의문을 품었다. 이들은 모든 현상에는 원인이 있고 그 원인을 제어하면 결과를 바꿀 수 있다는 간단한 논리를 들어 세포의 노화를 측정할 수 있는 생체 시계를 찾기 시작했다.

1961년 미국의 생물학자 레너드 헤이플릭은 보통 사람의 세포는 평균적으로 약 50회 세포분열을 한 다음 노화해서 죽는다는 사실을 발견했다(헤이플릭 분열한계). 태아의 세포는 100회 정도 분열하고 나이가 들수록 분열 횟수가 줄어들어 20~30회까지 감소한다. 헤이플릭은 시간 경과에 따른 분열 횟수를 헤아리는 측정 기구가 세포에 내재해 있다는 점을 알아차렸지만, 발견 당시에는 그저 당연한 사실로 간주되어 후속 연구가 이루어지지 않았다. 헤이플릭의 발견으로부터 10년 후 러시아의 생물학자 알렉세이 올로브니코프는 세포가 복제될 때 염색체의 말단부가 원래 상태로 복제되지 않는 것을 확인했다. 그는 DNA가 복제 과정을 여러 번 거칠수록 염색체 말단부가 점점 소실되어 짧아질 것이라고 예상했다.

1977년 예일대 박사과정 중이던 분자생물학자 엘리자베스 블랙번은 염색체 끄트머리에 붙어 있는 짧은 염기 서열인 텔로미어(노벨 생리의학상 수상자인 허먼 밀러가 1938년 처음 발견했다)가 일종의 염색체 올 풀림 방지 덮개 역할을 한다는 데 주목했다. 텔로미어가 없으면 염색체의 말단부가 소실되어 완전한 복제가 이루어지지 않는다. 또한 세포에는 텔로미어를 생성하고 보충

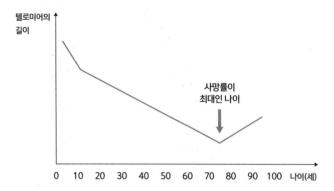

10만 명의 텔로미어 길이를 조사한 카이저 퍼머넌트 연구 결과에 따르면 사람의 텔로미어는 나이를 먹을수록 급격히 짧아지다가 75세를 기점으로 오히려 길어지는 양상을 보인다. 이는 75세를 넘기면 텔로미어가 실제로 길어진다는 뜻이 아니라, 텔로미어가 짧은 사람들은 이미 사망하고 애초부터 텔로미어가 길었던 사람들만 살아남았기 때문에 나타나는 '생존 편향'이다.

하는 텔로머라아제라는 효소가 존재하는데, 이 효소의 활성이 높아 텔로미어가 짧아지지 않고 무한히 증식하는 세포가 바로 암세포다.

1990년대에 블랙번과 캐럴 그라이더, 잭 쇼스택은 세포가 분열을 거듭할수록 염색체를 보호하는 텔로미어는 점점 짧아지며 텔로미어가 완전히 닳아버리고 나면 세포가 더 이상 분열하지 못하고 급격히 노화해 죽는다는 사실을 밝혀냈다. 텔로미어의 길이에 따라 세포분열 횟수가 정해진다는 이야기는 곧 텔로

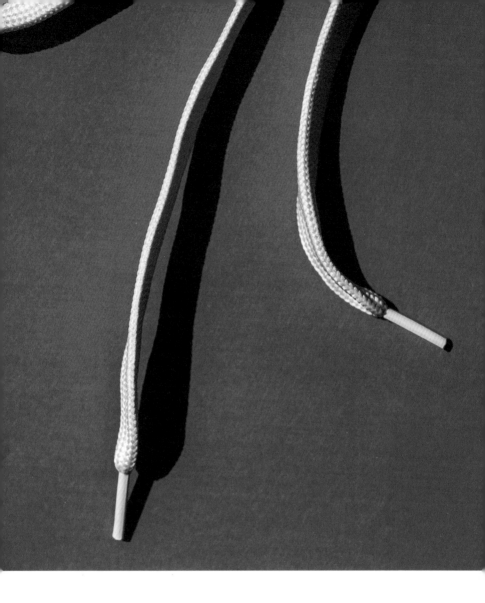

블랙번은 텔로미어를 신발 끈 끝에 달려 있는 보호 덮개 애글릿에 비유
했다. 신발 끈의 올 풀림을 방지하는 애글릿이 닳아 없어지면 그 끈은
더 이상 쓸 수 없다. 텔로미어가 마모된 세포는 노화해 죽는다.

미어가 이를 측정하고 기록한다는 것을 뜻한다. 블랙번과 공동 연구자들은 노화에 따른 생체 시계를 측정하는 도구가 염색체의 끝에 짧게 반복되는 염기 서열인 텔로미어임을 입증하고 세상에 알렸다. 공로를 인정받은 이들은 2009년 노벨 생리의학상을 수상했다.

노화는 질병이다

한 해가 저물고 새해가 되면 꼭 나오는 뉴스가 있다. 세상에서 가장 오래 산 사람 소식이다. 현존하는 최고령자는 1903년에 태어나 2021년에 118세가 된 일본 여성 다나카 가네다. 한편 기네스가 공인한 최장수 기록 보유자는 122세까지 살았던 프랑스 여성 잔 칼망이다. 이들 외에 각국에서 130세, 140세, 150세를 넘겨 세계 최고령이라고 주장하는 사람들도 간간이 소개되곤 한다. 이런 가십과도 같은 뉴스에 사람들이 관심을 갖는 것은 인간 수명의 상한선에 대한 궁금증과 더불어, 한계수명을 훌쩍 뛰어넘은 사람들이 건강을 유지한 비결을 알고 싶어서이다. 비슷한 맥락에서 불혹을 넘긴 나이에도 20대 역할을 연기하는 동안의 배우를 볼 때면 왜 사람마다 늙는 속도가 다른지 궁금해지곤 한다.

노화를 일으키는 결정적인 요인이 텔로미어의 마모라는 사실을 밝혀낸 블랙번도 노화 시계가 더 빨리 가는 사람과 느리게 가는 사람 사이에 어떤 차이가 있는지 알고자 했다. 텔로미어의 길이는 시간 경과에 비례해 무조건 줄어들기만 하는 것이 아니라 반대로 늘어나기도 한다. 즉, 노화는 촉진될 수도 있고 역전될 수도 있다.

블랙번은 일찍부터 노화와 관련된 증상을 안고 사는 사람과 나이에 비해 젊게 사는 사람의 차이가 텔로미어의 길이에 어떤 영향을 미치는지 알아보기 위해 건강심리학자 엘리사 에펠과 공동 연구를 했다. 두 사람은 텔로미어가 단지 유전자가 내린 명령에 따르기만 하는 것이 아니라 사람이 살아가는 방식에 귀기울이고 영향받는다는 사실을 알아냈다. 회사에서 받는 스트레스의 강도, 식이 습관, 운동 습관, 어린 시절의 학대나 방치 여부, 임신 당시 부모의 행복도, 거주하는 동네의 안전 수준과 이웃과의 관계 또한 노화의 속도에 영향을 미치는 것으로 밝혀졌다.

블랙번은 세계에서 가장 오래 살았던 인물인 잔 칼망의 인생에도 주목했다. 칼망은 그저 수명이 길었던 게 아니라 건강 면에서 우리 모두의 워너비가 될 만한 삶을 살았다. 85세에 펜싱을 시작했고 100세가 넘어서까지 자전거를 타고 다녔다. 110세가 넘어서도 자립적인 생활을 유지하며 이웃과 어울렸고 사망하기 전까지 심각한 질환을 앓지도 않았다. 이처럼 건강하게 오래 산 사람들의 텔로미어는 보통 사람보다 더 긴 경향을 보인다.

엘리자베스 블랙번과 엘리사 에펠이 쓴 『늙지 않는 비밀』은 분자생물학자와 건강심리학자가 유전자 수준에서 개인의 삶 전체를 아우르며 노화에 영향을 미치는 요소들을 분석하고 건강 수명을 늘리는 방법을 제시한 책이다. 저자들은 포괄적으로 생활 방식을 변화시키고 삶의 질을 높이면 텔로미어의 길이가 늘어나 세포 단계에서 노화를 역전시킬 수도 있다고 주장한다.

텔로미어의 길이가 늘어날 수도 있을까? 서울대 유전공학 연구소는 사람의 유전자와 50퍼센트 정도 유사성을 띠는 예쁜꼬마선충의 텔로미어를 연장하는 데 성공했다. 심지어 텔로미어의 길이를 늘렸더니 꼬마선충의 수명도 늘어나는 것을 볼 수 있었다. 이를 위해 연구진은 텔로미어를 생성하는 효소 텔로머라아제를 활용했다. 우리 몸에도 존재하는 텔로머라아제는 길가메시와 진시황이 찾아 헤맨 불로장생의 명약이 될 수 있을까?

실제로 텔로머라아제가 결손된 생쥐는 빨리 노화하지만 다시 텔로머라아제를 보충해주면 노화가 멈춘다는 것이 실험적으로 확인되었다. 하지만 이 방법을 인간에게 적용하기는 어렵다. 우리 몸의 세포는 텔로머라아제를 제한적으로만 생성한다. 텔로머라아제가 암세포의 증식을 촉진하기 때문이다. 인체에 텔로머라아제를 투여하면 심장병이나 알츠하이머와 같은 노인성 질환을 억제할 수는 있지만 반대로 뇌암, 흑색종, 폐암에 걸릴 위험성이 높아진다. 암에 걸린 채로 젊음을 유지하고 싶은 사람은 아마 없을 것이다.

블랙번과 에펠은 텔로미어의 길이를 길게 유지하기 위해 텔로머라아제 분비를 인위적으로 늘리는 것은 매우 위험하다고 경고한다. 그 대신 암에 걸릴 걱정 없이 텔로미어의 건강을 유지하는 수준으로 자연스럽게 텔로머라아제를 활성화할 방법을 찾아야 한다고 말한다.

에펠은 개인의 생활 방식이 텔로미어의 길이와 텔로머라아제의 활성에 어떤 영향을 미치는지에 관심을 기울였다. 아픈 아이를 양육하며 만성 스트레스를 받는 어머니들을 대상으로 조사한 결과 아이를 돌본 시간이 길수록 텔로미어의 길이가 짧다는 사실을 확인할 수 있었다. 이 어머니들의 텔로머라아제 수치는 건강한 아이를 키우는 어머니들의 텔로머라아제 수치의 절반에 못 미쳤다. 또한 유년기에 학대나 가정 폭력, 지속적인 괴롭힘을 당한 아이들의 텔로미어도 손상이 심한 모습을 보였다. 그렇다고 해서 모든 스트레스가 텔로미어에 해로운 것은 아니다.

인간의 몸은 스트레스를 받으면 거의 자동적으로 반응을 보인다. 심지어 그러한 상황을 머릿속으로 떠올리기만 해도 심장박동과 호흡이 달라지곤 한다. 놀라운 사실은 자신에게 스트레스를 주는 상황을 어떻게 받아들이느냐에 따라, 즉 위협을 느

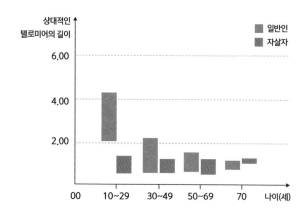

기분장애와 텔로미어 길이의 상관관계. 자살자의 연령이 낮을수록 텔로미어의 길이가 현저하게 짧다는 사실을 알 수 있다.

끼는지 그에 맞서 이겨내고 싶어 하는지에 따라 텔로미어에 다른 영향을 미친다는 점이다. 도전 의욕을 불러일으키는 스트레스는 텔로미어를 건강하게 만든다. 반면에 우울증이나 불안과 같은 감정은 텔로미어에 부정적인 영향을 미친다.

서울대 정신건강의학과 교수 안용민은 자살자와 일반인의 텔로미어 길이를 비교한 결과 자살자의 연령이 낮을수록 텔로미어의 길이가 현저하게 짧다는 사실을 확인했다. 텔로미어는 신체 노화의 척도일 뿐만 아니라 복합적인 정신적 스트레스의 지표이기도 하다. 개인이 느끼는 스트레스와 감정을 조절함으로써 텔로미어의 길이를 늘릴 수 있다는 것은 과학적으로 입증된 사실이다. 맹목적으로 휴식을 취하기보다 규칙적으로 명상을 하면 텔로머라아제의 활성이 30퍼센트 이상 향상된다는 연구 결과 또한 발표된 바 있다.

인간의 텔로머라아제 유전자를 발견했다는 논문을 《사이언스》에 게재한 분자생물학자 빌 앤드루스는 텔로미어를 늘려서 인간의 생체 시계를 멈추는 것을 목표로 삼고 있다. 2016년 앤드루스는 일란성 쌍둥이인 동생과 자신의 텔로미어 나이를 측정했는데, 그의 텔로미어 나이는 실제(66세)보다 젊은 34세였고 동생의 텔로미어 나이는 70세였다. 20년 전에는 본인들도 구별하기 어려울 만큼 빼닮았던 두 사람의 외모는 앤드루스가 텔로미어의 길이를 유지하기 위해 생활 습관을 완전히 바꾼 뒤로 쌍둥이라고는 생각할 수 없을 만큼 달라졌다.

앤드루스가 택한 방법은 긍정적인 스트레스를 통해 텔로미어의 길이를 유지하는 것이다. 130세가 되어서도 7분에 1.6킬로미터를 뛰겠다는 목표를 위해 그는 담배를 끊고 식단을 관리하며 짜지 않은 음식을 조금씩 자주 먹는다. 자외선 차단에 신경을 쓰면서 규칙적으로 달리기를 하고 요가와 명상을 한다. 정기적으로 텔로미어 길이를 측정하는 동시에 자신의 신체적 한계를 꾸준히 늘려나간다.

무작정 오래 사는 것보다 건강하게 오래 사는 것이 중요하다. 진시황 또한 불사의 약을 찾고자 헛되이 발버둥 치는 대신에 앤드루스가 한 것처럼 몸에 좋은 음식을 먹고 규칙적인 운동과 자기 관리에 힘썼더라면 조금이나마 더 오래 살지 않았을까. 적어도 49세는 넘겨 생을 마감했을 듯싶다.

노화의 징표

2000년대로 접어들며 노화에 대한 연구는 깊이와 넓이를 더해왔다. 노화의 원인이 속속 밝혀짐에 따라 노화를 질병으로 바라보는 항노화 의학이 출현하기도 했다. 항노화 의학은 노화 때문에 앓게 되는 질병을 치료하는 것보다 노화 자체를 방지하는 쪽이 더 효과적이라는 입장을 취한다. 공학적노화방지전략SENS 재단을 설립한 오브리 드 그레이는 노화의 메커니즘을 설명한 책 『노화의 종결』에서 질병을 유발하거나 노화를 일으키는 세포 손상의 일곱 가지 유형을 다음과 같이 이야기한다.

첫째, DNA에 돌연변이나 결함이 생겨 암을 유발해 세포를 손상시킨다. 둘째, 미토콘드리아 돌연변이가 세포의 정상적인 작동을 저해한다. 셋째, 세포 안에 축적된 유해한 단백질 조각이나 기타 노폐물이 퇴행성 질환을 유발한다. 넷째, 세포와 세포 사이(외부)에 단백질 찌꺼기와 노폐물이 쌓여 질병을 일으킨다. 다섯째, 세포 손상으로 세포 수가 감소해 조직이나 장기의 기능이 저하된다. 여섯째, 세포가 더 이상 분열을 하지 못함으로써 새로운 세포로 교체되지 않아 노화가 일어난다. 일곱째, 특정 단백질로 연결된 세포 사이에 찌꺼기가 쌓이거나 단백질이 부적절하게 결합해 조직의 기능이 떨어지고 노화가 일어난다.

드 그레이는 세포를 손상시키는 일곱 가지 문제를 해결함으로써 인간의 몸에서 일어나는 노화를 멈출 수 있으며, 향후 50~60년 내에 500세에서 많게는 1000세까지 수명을 늘릴 수 있다고 주장한다. 나이가 들면 자연스럽게 노화가 일어난다는 상식을 뒤엎고 노화 역시 치료 가능한 질병의 하나로 간주한 것이다. 확신에 찬 드 그레이의 주장을 비판하는 사람들도 많지만 그가 설립한 재단에는 막대한 연구 자금이 몰려들었다.

2013년 스페인의 분자생물학자 로페스 오틴은 노화 과정에 기여하는 아홉 개의 징표를 정리해 「노화의 징표」라는 논문을 발표했다. 유전체의 불안정성, 텔로미어의 마모, 후성유전학적 변형, 단백질의 항상성 상실, 비정상적인 영양소 감지 시스템, 미토콘드리아의 활성산소 생성, 세포의 노화, 줄기세포의 고갈, 세포 간의 소통 장애라는 아홉 개의 징표는 정상적인 인간의 노화 과정에서 드러나는 현상으로서, 실험을 통해 이를 강화할 경우에는 노화가 촉진되고 개선할 경우에는 반대로 노화가 지연되고 수명이 늘어나는 결과를 보였다. 오틴은 이들 징표가 상호 연관되어 있으며 복합적으로 발현되므로 단일한 원인이 노화를 주도하는 것이 아니라고 강조했다. 항노화 연구자들은 오틴이 제시한 징표들을 각개격파한다면 건강하게 나이들 수 있다는 데 동의하고 폭넓은 지지를 보냈다.

이런 합의에 공감을 드러내면서도 보다 대담한 가설을 제시한 사람이 있다. 하버드대 유전학 교수 데이비드 싱클레어는 『노화의 종말』에서 노화 과정에 기여하는 아홉 개 징표의 최상위에 보다 근본적이고 단일한 요인으로 작동하는 노화 메커니즘이 있다는 '노화 정보 이론'을 주장했다. 그는 우리가 이 노화 메커니즘을 이용해 노화를 늦추고, 멈추고, 심지어 되돌릴 수도 있다고 말한다.

생명체는 세포 하나하나가 한정된 에너지를 효율적으로 쓸 수 있도록 유전자의 생존 회로를 진화시켰다. 세포는 DNA에 손상이 일어나면 불완전한 DNA가 복제되어 돌연변이가 생기는 것을 막고자 DNA 수선이 이루어지는 동안 세포분열을 중단한다. 이처럼 생존에 보다 중요한 활동을 위해 특정 유전자의 스위치를 켜고 끌 수 있는 물질의 집합을 후성유전체라고 한다. 후성유전체는 DNA의 유전정보를 바꾸지는 못하지만 유전자를 제어하면서 실질적인 일꾼인 단백질을 얼마나 만들어 어떻게 활동시킬지를 결정한다. 후성유전체가 유전자 스위치를 조작할 때에는 유전자에 메틸기나 아세틸기라는 화학적 꼬리표를 달아 표지mark하는데, 이 표지는 유전자가 아님에도 불구하고 다음 세대에 전달될 수 있다.

싱클레어는 DNA가 심각하게 손상되었을 때 생존 회로인 후성유전체가 과열되면서 세포가 원래의 기능을 잃고 노화의 징표를 드러낸다는 가설을 제시했다. 그는 생쥐를 대상으로 후성유전체를 교란시킨 다음 DNA에는 아무런 변화도 주지 않고 텔로미어, 미토콘드리아, 줄기세포 등과 직접적인 관련이 없는 '유전체의 황무지'에 손상을 입혔을 때 노화가 일어난다는 사실을 확인했다. 싱클레어의 주장대로라면 후성유전체의 교란을 막거나 원래대로 재프로그래밍해서 노화를 막는 일도 가능할지 모른다. 후성유전체를 정상 상태로 유지하기 위해 적게 먹고 육식을 줄이고 땀이 날 정도로 운동하며 몸을 차갑게 하라는 조언은 누구에게나 도움이 될 만하다.

항노화 연구자들이 예쁜꼬마선충에서 생쥐, 침팬지, 인간에 이르기까지 다양한 생명체를 대상으로 한 연구를 통해 밝혀낸 노화의 명약은 의외로 평범하다. 지금의 삶에 최선을 다하고 몸에 이로운 습관을 유지하며 긍정적인 마음가짐과 태도를 지녀라. 적대감이나 불안, 우울과 같은 부정적 감정을 다스리고 명상으로 스스로의 마음을 챙기자. 세포들이 정상적으로 기능할 수 있도록 신체의 리듬을 개선해라. 절제된 식습관이나 꾸준한 운동과 같은 긍정적 스트레스 요인은 적당한 수준으로 텔로머라아제를 활성화해 텔로미어의 재건을 돕는다. 잠을 잘 자고 나쁜 음식을 피하자. 적극적인 사회 활동으로 고맙고 소중한 관계를 늘리고 내가 속한 공동체가 보다 살 만한 곳이 되도록 기여해보자. 세포에게 이로운 것은 아이에게도 어른에게도 노인에게도 좋다는 점을 명심해야 한다.

길고 멋진 인생

아무도 늙지 않는 세상이 언젠가 도래할지도 모른다. 그러나 우리가 진정으로 바라는 것은 정상적인 삶을 건강하게 오래 살아가는 것이다. 노화를 연구하는 사람들은 '건강하게' 오래 사는 것에 초점을 맞춘다. 그러나 건강한 삶 못지않게 '정상적인 삶'에 대해서도 생각해볼 필요가 있다.

기대수명이 80세가 넘는 긴 생애를 맞닥뜨리는 것은 적잖이 갑작스러운 일이다. 우리나라의 경우 1956년 대법원에서 일반 육체노동자의 정년을 만 55세로 결정한 판례가 있었다. 당시 한국인의 평균수명은 60세였다. 2020년 한국인의 기대수명은 82.7세이고 만 65세 이상 노년층의 비율이 20퍼센트가 넘는 초고령 사회로의 진입 또한 눈앞에 두고 있지만 법적 정년은 60세, 실질적인 평균 정년은 50대 초반이다. 생애의 3분의 2도 채 지나지 않았는데 생산 활동에서 은퇴하고 30년에 가까운 노후를 보내야 한다. 이는 아동기, 청소년기, 청년기보다 더 긴 기간이다.

그럼에도 불구하고 은퇴 후 인생에 대한 준비는 부실하기 그지없다. 2019년 영국계 자산운용사 슈로더가 세계 30개국에서 은퇴를 앞둔 사람들을 대상으로 조사한 결과에 따르면, 대부분의 사람들이 은퇴 후의 생활비 규모를 과소평가하는 한편 실제 소득이 기대 소득에 한참 못 미친다는 사실을 올바르게 인식하지 못하는 것으로 나타났다.

우리나라의 경우 은퇴 후 기대 소득과 실제 소득의 격차는 30퍼센트 정도다. 당장 2~3년 후의 경제 상태를 예측하는 것도 쉽지 않은데 10년, 20년 후의 생활을 유지하는 데 필요한 자산과 소득을 계산하기란 어려운 일이다.

심리학자들은 노년이 되기 전에 자신의 노후를 현실적으로 떠올리기란 쉽지 않다고 말한다. 긴 시간 동안 인간의 뇌는 먼 미래보다 현재를 이해하고 눈앞의 문제를 해결하는 쪽으로 진화해왔다. 사람들은 1년 후에 받게 될 110만 원보다 당장 손에 쥘 수 있는 100만 원을 선호한다. 현재의 편익을 과대평가하고 미래의 편익을 과소평가하는 시간 할인이 일어나기 때문에, 인류 역사상 가장 긴 생애를 눈앞에 두고도 제대로 된 미래상을 그리는 데 어려움을 겪는다.

또한 많은 사람들이 50대 중반에 은퇴를 하고 남은 인생은 건강에 적당히 신경 쓰며 자식에게 경제적 부담을 주지 않고 무탈하게 살면 족하다는 관습적 사고에 얽매여 있기에 길어진 노후를 촘촘히 설계하지 못한다. 스탠포드대 심리학 교수이자 장수센터를 운영하는 로라 카스텐슨은 늘어난 수명에 걸맞은 새로운 생애주기 모델이 필요하다고 말한다.

카스텐슨이 제안하는 생애주기 모델은 총 5막으로 나뉜다. 1막은 30세 이전까지 지식과 기술을 습득하는 청년기, 2막은 40세 전까지 다양한 경험을 쌓으며 자신에게 맞는 일을 찾는 시기, 3막은 40대부터 시작해 길게는 80세에 이르기까지 최적의 직업

미래에 우리가 어떤 인간일지를 모른다면 지금 우리가 누구인가도 알지 못하리라. 이 늙은 남자, 이 늙은 여자. 이들 속에서 우리 자신의 모습을 인정하자.

— 시몬 드 보부아르,『노년』중에서

을 선택해 본격적으로 사회생활을 하는 시기, 4막은 80대에 현업에서 물러나 평생에 걸쳐 갈고닦은 기술과 지식을 활용하며 지역공동체에 재능을 기부하고 봉사하는 시기, 마지막 5막은 인생을 정리하는 시기이다.

카스텐슨이 제안하는 5막 생애주기 모델의 핵심은 20대 초반까지 공부하고 40대까지 일하며 50대 이후 노년에는 쉰다는 기존의 관습적 사고로부터 벗어날 것을 촉구한다는 점이다. 많은 사람들이 30대에도 공부하고 싶어 하고 70대에도 일하고 싶어 한다. 인생의 반절을 자기 계발에 사용하고 나머지 반절을 사회에 도움이 되도록 자신의 쓰임새를 넓히는 데 사용할 수 있다면 삶의 질 또한 달라질 것이다.

카스텐슨의 생애주기 모델은 비단 노년기에 접어든 사람만을 위한 것이 아니다. 인류 역사상 가장 긴 삶을 멋지게 살아내기 위해서는 지금부터라도 내 몸의 노화 시계가 아니라 인생 설계도를 들여다보아야 한다.

노인 한 사람이 숨을 거두는 것은 도서관 한 채가 불타는 것과 같다.

– 아프리카 속담

CHAPTER 2

풍요로운 문명의 역습

우리 몸에 기록된
진화의 연대기

수렵채집인의 몸

오늘날 한국인의 기대수명은 80세를 넘어섰지만 여전히 우리는 수천 가지 질병에 시달리며 고통을 겪는다. 2019년 통계청의 사망 원인 통계 결과를 살펴보면 1위가 암, 2위는 심장 질환이고 3위 폐렴, 4위 뇌혈관 질환, 5위 알츠하이머병과 그로 인한 치매가 뒤를 따른다. 전체 사망자 가운데 질병 이외의 요인으로 사망한 사람의 비율은 9.2퍼센트에 불과하다. 놀라운 수준에 이른 현대 의학의 수혜를 고스란히 누리면서도 우리는 왜 병에 걸리고 병으로 죽는 것일까?

하버드대 진화생물학과 교수 대니얼 리버먼은 "인체를 이해하려면 먼저 인간이 수렵채집인이 되도록 진화했다는 점을 이해해야 한다"라고 말한다. 오늘날 우리 몸이 작동하는 방식은 인류가 수백만 년 동안 수렵채집인으로 살아오면서 획득한 자연선택의 산물이다. 생물학적으로 인간의 몸은 20만 년 전 아프리카 초원을 누비던 호모사피엔스에서 아직 반 발자국도 떨어지지 않았다.

가장 오래된 인간의 선조들은 아프리카 초원에서 두 발로 걸어 다니며 양손으로 간단한 도구를 사용해 수렵을 하고 채집을 했다. 이러한 수렵채집인으로서의 생활은 지금으로부터 1만 년 전 농경이 시작되기 이전까지 수백만 년간 지속되었다. 그 기간 동안 인간의 몸은 장거리를 이동하며 목표 지향적인 협력 과제를 수행하는 수렵채집인의 삶에 맞게 진화했다. 뇌가 커지고 피부를 뒤덮은 털이 사라졌으며 소화기관이 차지하는 부피는 줄어들고 턱과 치아는 부실해졌다.

일련의 변화 중에서도 가장 독특하고 중요한 변화는 뇌와 관련해 일어났다. 인간은 유전적으로 인간과 1.3퍼센트밖에 차이가 나지 않는 침팬지보다 세 배나 큰 뇌를 가지고 있다. 인간의 뇌는 무게가 고작 1.4킬로그램밖에 나가지 않지만 한 사람이 하루 동안 소비하는 에너지의 20퍼센트를 사용한다. 영국의 인류학자 레슬리 아이엘로와 피터 휠러는 뇌가 우리 신체에서 단위 무게당 가장 많은 에너지를 소모하는 '비싼 기관'이라고 말한다.

인류는 이렇게 큰 뇌를 어떻게 유지했을까? 효율적인 식단을 채택해 에너지 섭취량을 높이고 또 다른 비싼 기관인 소화기관의 에너지 소비량을 줄인 것이 도움이 되었다. 인류사에서 불

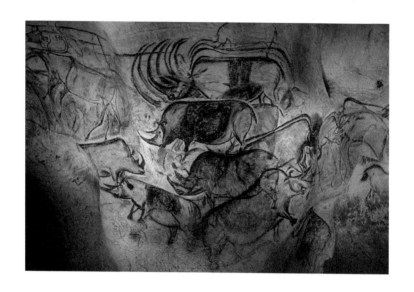

프랑스에 있는 쇼베 퐁다르크 동굴 벽화는 약 3만 5000년 전에 제작된 것으로 밝혀졌다. 컬러와 명암을 이용해 정교하게 묘사된 들소의 모습은 동굴 내벽의 질감을 잘 활용한 덕분에 원근감이 더해져 한층 생생한 느낌을 준다. 비싼 대가를 치르며 뇌를 진화시킴으로써 인류는 수렵채집인으로 대성할 수 있었고 창조적인 예술가도 될 수 있었다.

의 사용이 중요한 위치를 차지하는 것 또한 화식火食이 뇌의 진화에 효과적이었기 때문이다. 대부분의 동물이 음식물을 씹고 소화하는 데 긴 시간을 보내는 것과 달리 인간은 고칼로리의 고기를 불에 익혀 먹으면서 효율적으로 에너지를 섭취했다. 덕분에 인간의 뇌는 점점 더 커지고 복잡한 사고를 할 수 있게 되었으며 이로부터 인간을 규정짓는 독특한 특징들이 형성되었다.

선조들은 고도의 사회성을 획득해 공동 사냥에 협력하고

포획물을 나누었으며 아이들을 함께 키웠다. 사냥과 채집에 유용한 정보를 공유하고 학습하면서 인류는 점차 영리해졌고, 마침내는 언어로 의사소통을 할 수 있게 되었다. 커다란 뇌는 인간이 소화불량과 치통을 대가로 획득한 값비싼 기관이지만 분명 지금껏 제값을 톡톡히 해왔다.

지금으로부터 20만 년 전 현생 인류의 직접적인 조상인 호모사피엔스는 아프리카를 벗어나 전 세계로 퍼져나갔다. 이들은 새로운 환경에서 살아남기 위해 신체적으로 적응함과 동시에 문화적 적응력도 키웠다. 특히 수렵채집보다 더 어렵고 조직적이지만 월등한 생산성을 자랑하는 농경을 발전시켰다.

농경이 시작된 것은 약 1만 년 전의 일로서 이때부터 인류는 본격적으로 문명이라 부를 만한 것을 창조하기 시작했다. 하지만 우리의 호모사피엔스 선조들은 미처 알지 못했다. 농경이 그들의 몸에 새로운 위협을 초래하리라는 것을.

농경의 두 얼굴

수렵채집인에게 안정적인 식량 공급은 가장 중요한 과제 가운데 하나였다. 사냥의 기술도 점차 정교해지고 효율적으로 발전했지만 거주지 주변에 사냥감이 떨어지면 새로운 사냥터를 찾아 이동해야 한다는 데에는 변함이 없었다. 낮은 생산성과 잦은 이동 생활은 함께 살 수 있는 집단의 규모를 제한할 수밖에 없다. 수렵채집 생활만으로는 도시나 국가와 같은 커다란 조직을 이루기가 힘들고, 따라서 고도의 문명을 발전시킬 수도 없다.

그러던 중 자연 상태에서 획득할 수 있는 식용 식물에 대한 정보가 축적되면서 이들 식물의 씨앗을 땅에 심어보고 수확하는 데 성공한 사람들이 나타났다. 사냥감을 찾아 먼 거리를 이동하는 데에도 지쳤는지 온순하고 맛 좋아 보이는 사냥감을 포획해다가 집 주변에 설치한 우리에 가둬놓고 기르는 사람들도 생겼다. 이들은 사육하는 동물들로부터 고기뿐만 아니라 우유와 털 가죽도 얻었고, 크게 힘 쓸 일이 있거나 멀리 이동을 해야 할 때면 동물들의 힘을 빌리기도 했다.

바야흐로 작물을 재배하고 가축을 치는 농경시대가 열린 것이다. 하지만 농경시대 초기에는 대체로 노동량에 비해 수확량이 적어서 오히려 수렵채집을 할 때보다 영양 상태가 좋지 않았다고 한다. 그런데도 사람들은 왜 농경을 포기하지 않았을까?

농경시대는 1만 년 전 지구 전역에서 거의 비슷한 무렵에 시작되었다. 학자들은 이즈음 마지막 빙하기가 끝나고 지구 기온이 상승함으로써 농경에 유리한 환경이 조성되었다고 말한다. 빙하가 녹아 해수면이 상승하고, 당시 인류의 주요 영양 공급원이었던 대형 동물들이 사라진 대신에 몸집이 작고 발이 빨라 사냥감으로서 가치가 떨어지는 작은 포유류가 늘어났다. 이

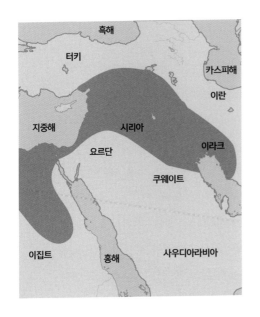

메소포타미아에서 이집트에 이르는 비옥한 초승달 지역. 천혜의 자연환경 덕분에 최초의 농경문화가 꽃피었고 4대 문명 발상지 중 하나가 되었다. 이 지역에서 지금으로부터 1만 년 전 밀, 보리, 완두콩을 재배한 흔적과 양과 염소를 사육한 흔적, 점토로 지은 집, 농사 도구 등이 다수 발견되었다.

작은 포유동물들은 잡은 족족 먹어치우는 것보다 길들여서 새끼를 낳게 하거나 젖을 얻는 편이 더 쓸모 있었다.

한편 기후가 따뜻해지면서 다양한 종류의 식물이 출현했고 그중에서도 영양가가 높은 옥수수, 쌀, 밀 등이 잘 자랄 수 있는 식생 환경이 조성되었다. 처음에는 사냥에 실패하고서 입에 풀칠은 해야 하니 마지못해 이런저런 씨앗을 심어보는 정도에 불과했지만, 영양가 높은 작물을 골라 재배하고 풍작을 거둔 경험을 바탕으로 본격적으로 농사에 매달리게 된 것이다. 너도나도 가축을 키울 축사를 짓고 농사지을 땅을 개간하고 수로를 팠다. 정착 생활이 시작되자 인구가 늘고 집단의 규모도 커졌다.

새로운 생활 방식은 인간의 몸에도 변화를 일으켰다. 수렵 채집의 시대에는 다양한 동식물로부터 영양분을 섭취했으나 농경시대에는 생산성이 높고 열량이 풍부한 옥수수, 쌀, 밀 등 탄수화물 위주로 식단이 바뀌었다. 탄수화물 대사를 조절하는 호르몬은 인슐린인데, 이 시기에 농경문화가 번성한 지역마다 체내 인슐린 분비를 촉진하는 유전자에 각기 다른 변이가 일어났다는 사실이 확인되었다. 농경시대의 개막과 더불어 인류는 당뇨병의 위협에 노출된 것이다.

또한 어린 아기들은 모유 수유 기간 동안 락타아제라는 효소를 활용해 젖의 유당을 소화하는데, 이는 원래 수유 기간이 끝나면 완전히 분비가 중단되는 효소였다. 소화되지 않은 유당은 복통과 설사를 유발하곤 한다. 그러나 인류가 소를 키우기 시작하면서부터 안정적으로 우유를 얻게 되고 치즈나 버터를 만들어 먹는 등 식생활의 변화가 일어났다. 이에 따라 단백질과 칼슘이 풍부한 유제품을 소화시키기 위해 모유 수유가 끝난 뒤에도 락타아제를 분비하는 유전자의 스위치가 켜진 채로 남게 되었다. 다 큰 어른이 되어서도 유제품을 잘 먹을 수 있게 된 것이야말로 가장 최근에 인류에게 일어난 진화라고 설명하는 학자들도 있다.

그러나 농경 생활이 가져온 가장 큰 문제는 바로 전염병이었다. 가축을 사육함에 따라 병원체와 접촉할 기회가 늘어나 인수공통전염병이 빠르게 확산될 조건이 갖춰진 것이다. 아직 위

우리 주변에도 유제품을 섭취하면 속이 불편하거나 설사를 하는 사람들이 있다. 락타아제가 덜 분비되어 분해되지 않은 유당이 대장을 자극해 복통을 일으키는 증상을 '유당불내증'이라고 한다. '소화가 잘되는' 또는 '속 편한' 우유라고 소개되는 제품은 가공 단계에서 유당을 제거한 락토프리 유제품이다.

생 관념이 없고 의학 기술이 부재하던 시기에 많은 사람들이 모여 사는 마을이나 도시에는 전염병이 끊이질 않았다. 또한 농산물 거래 등의 목적으로 멀리까지 교역을 다니게 되면서 전염병은 한층 기승을 부렸다. 19세기에 들어와 병원균의 실체가 밝혀지고 다양한 치료법과 예방책이 등장하기 전까지 전 세계적으로 가장 많은 사람을 죽음으로 내몬 원인은 천연두나 콜레라와 같은 전염병이었다.

농경의 또 다른 문제는 한 해 농사를 망칠 수 있는 요인이 너무 많다는 점이다. 농작물에 대한 식량 의존도가 높을수록 가뭄이나 홍수, 병충해 등의 환경 재난에 더욱 취약한 모습을 보인다. 많은 인구를 부양하는 농경사회에서 흉작이 들면 대규모의 기근이 발생해 집단의 존립을 위협한다. 한편 유전자는 최악의 상황에서도 자신을 더 안정적으로 복제할 수 있는 방향으로 진화한다.

농경의 구조적 문제 때문에 인간의 몸은 풍요로운 세상이 선사하는 혜택을 마음껏 누리도록 설계되는 대신에 최악의 환경에서도 살아남을 수 있도록 진화할 수밖에 없었다. 그래서 우리는 언제 어디서든 스마트폰을 사용하고 의학 기술의 발달로 수명이 연장되고 본격적인 우주 진출을 앞둔 요즘 시대에도 예로부터 주기적으로 찾아오던 기근에 대비하는 몸으로 살아가고 있다. 달리 말하자면 우리가 물려받은 이 육신은 바뀐 환경과 문화적 변화에 발 빠르게 적응하지 못해서 늘 고단하다.

1993년 미국의 예방의학자 데이비드 바커는 산모의 영양 상태가 나쁘면 배 속의 아기는 효과적으로 생존하기 위해 체내에 들어온 영양분을 최대한 아끼면서 지방의 형태로 축적하려고 한다는 '절약 형질 가설'을 제시했다. 이렇게 태어난 아기는 음식을 풍족하게 공급받아도 절약 형질이 발현되어 비만해지거나 성인병에 걸릴 가능성이 높다.

현대인의 역설

농경사회가 안고 있던 취약성은 산업화와 과학 및 의학의 발전 덕분에 상당 부분 극복되었다. 특히 과거의 주요 사망 원인에 해당하는 천연두, 말라리아, 페스트, 소아마비 등의 고약한 전염병은 백신과 치료제가 개발되고 열악한 위생 환경을 개선함에 따라 웬만큼 해결되기에 이르렀다.

영아 사망률도 극적으로 줄어들었다. 지난 100년 사이에 인류의 기대수명이 두 배 가까이 증가한 것은 과거 하늘을 찌를 듯 높았던 영유아 사망률을 낮춘 덕분이다. 1850년에 조사한 미국 백인 가정의 영아 사망률은 무려 22퍼센트에 달했는데 2000년대에 들어서는 0퍼센트대로 떨어졌다. 1900년에 출생한 미국 여성의 평균수명은 48세였지만 2000년에 출생한 여성의 경우에는 80세까지 사는 것을 기대해볼 수 있다.

이런 극적인 전환은 19세기 이래로 산업화를 비롯해 사회, 경제, 정치, 문화 영역에서 전방위적인 변화가 일어났기에 이루어질 수 있었다. 동력을 사용하는 기계가 인간을 대신해 일하기 시작하자 세상은 거침없이 빠른 속도로 변화하기 시작했다. 화석연료를 태우는 증기기관으로 움직이는 이동 수단은 육지와 바다, 하늘을 가로지르며 막대한 양의 사람과 물자를 실어 날랐다. 교역이 활발해지면서 국가 간의 거리가 점점 가까워지는 가운데 통신 기술은 정보와 문화를 빠르게 전파하며 미디어의 파급력을 강화했다. 사람들은 도시로 모여들었고 늘어난 인구를 먹여 살리는 데 막대한 에너지가 소비되었다.

점점 거대해지는 문명을 유지하려면 더 많은 자원이 필요한 법이다. 더 많은 식량과 더 많은 돈, 더 많은 땅을 원하게 된 산업화의 선두 주자들은 해외 식민지를 거느림으로써 필요한 물자를 얻고자 했다. 이러한 제국주의 세력들 간의 충돌로 1, 2차 세계대전이 일어나고 여태껏 문명의 질주를 떠받쳐온 과학과 기술은 무한 군비경쟁 속에서 더한층 박차를 가하며 발전해

나갔다. 대량생산, 자본주의, 과학과 의학의 눈부신 발전이 꼬리에 꼬리를 물고 이어졌다. 이제 인간의 삶은 태어나는 순간부터 먹고 자고 배우고 일하고 가족을 이루고 병에 걸리고 늙어 죽는 데 이르기까지 모조리 전과는 다른 모습으로 바뀌었다.

오늘날에는 많은 사람들이 잘 먹고 잘 산다. 특히 한국 사람들이 그렇다. 매일 아침 눈을 뜨자마자 스마트폰을 확인하고 위생적인 화장실을 사용하며 고칼로리의 음식을 언제든 배달시켜 먹을 수 있다. 과거에는 사람의 목숨을 위협하기도 했던 골절이나 맹장염, 이질이나 결핵과 같은 병은 이제 병이라고 부르기도 머쓱할 정도다. 영양 상태가 좋아지고 생활환경이 개선되며 보건위생 및 의학 기술이 발전함에 따라 수명뿐만 아니라 키와 몸무게도 늘어났다. 우리나라 여성의 평균 신장은 지난 100년 사이 142센티미터에서 162센티미터로 20센티미터 이상 늘어났다. 남성의 평균 신장도 160센티미터에서 175센티미터로 15센티미터 늘어났다.

1970년에서 2010년에 이르기까지 한국인의 생존 곡선 변화를 살펴보면 사망에 이르는 연령이 80대로 수렴되고 있다는 사실을 알 수 있다. 사람들의 평균수명이 늘어나고 노쇠한 채로 사는 기간이 연장되면서 생존 곡선이 직사각형 형태를 띠게 된 것이다. 이에 대해 하버드대 경제학 교수 데이비드 커틀러는 의학의 발달로 과거라면 죽음에 이르렀을 상태에서 회복되는 사람들이 많고 노화 관련 질병을 미리 치료하고 예방하는 등 건강

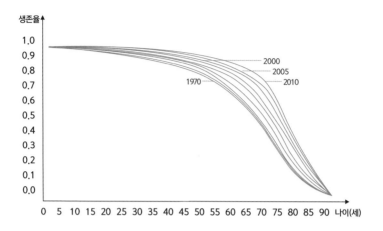

생존율
1.0
0.9
0.8
0.7
0.6
0.5
0.4
0.3
0.2
0.1
0.0

2000
2005
1970
2010

0 5 10 15 20 25 30 35 40 45 50 55 60 65 70 75 80 85 90 나이(세)

1970년에서 2010년에 이르기까지 한국인의 생존 곡선 변화 양상. 현재에 가까워올수록 생존 곡선이 직사각형 형태를 띠는 것을 확인할 수 있다. 사망자의 평균 연령 또한 점점 높아져 60대에서 80대로 옮겨가는 경향을 보인다.

관리에 대한 개인의 인식과 노력이 개선됨에 따라 건강 수명이 늘어난 것이라고 설명한다. 이 말은 사실일까? 우리는 정말로 전보다 나은 신체 조건을 가지고 전에 비해 건강하게 살아가고 있을까?

현대인의 기대수명은 계속 늘어나고 있지만 건강 상태가 나쁘거나 병에 걸린 상태를 뜻하는 이환율 또한 높아지고 있다. 생존 인구 가운데 가장 많은 비율을 차지하는 베이비붐 세대(1955~1963년에 태어난 사람들을 통칭하는 말)는 50퍼센트 이상이 만성질환이나 기능장애를 앓고 있다. 2019년 통계청에서 발표한 한국인의 3대 사망 원인인 암, 심장 질환, 폐렴을 비롯해 뇌졸중과 알츠하이머 등의 신경 질환, 2형 당뇨병과 관절염, 골다공증 등 만성질환, 알레르기, 천식, 불면증과 같은 기능장애, 그리고 우울증이나 불안, 정신 질환에 이르기까지 현대인의 이환율을 높이는 질병은 허다하다. 우리가 100년 전 사람들에 비해 더 오래 살게 된 건 분명하지만 딱히 예전보다 더 건강하게 사는 듯싶지는 않다.

진화생물학자 대니얼 리버먼은 현대인의 진화적 불일치가 이러한 질환을 유발한다고 말한다. 우리는 소파에서 고칼로리 음식을 먹으며 뒹굴뒹굴하는 수렵채집인들이다. 우리 몸은 먹을 것을 구하러 온종일 걷고 뛰다가 간신히 한 끼 식사를 마치고 휴식을 취하며 흡수한 에너지를 최대한 저장해놓았다가 내일 또 먹이 사냥에 나설 수 있도록 진화했다. 오랜 시간에 걸쳐 척박한 환경과 유전자의 상호작용으로 빚어진 인간의 신체는 고작 몇 세대 만에 풍요로운 환경에 젖어 해로운 생활 습관에 점령당했다.

농업혁명과 산업혁명을 거치며 환경 또한 인류의 생존에 유리하게 바뀌었다. 하지만 인간의 몸은 여전히 적게 먹고 많이 움직이는 생활에 적합하도록 여분의 에너지를 투실투실한 뱃살에 축적해놓으려 한다. 심장과 폐, 근육과 뼈는 오랫동안 앉아 있는 것보다 적당한 스트레스와 자극을 받아야 더 튼튼해진다. 자동차로 이동을 하고 종일 앉아서 공부하거나 일하다가 텔레

현대인의 생활 방식은 마치 전염성이 강한 병원균처럼 사람들의 일상에 파고들어 신종 질환들을 널리 퍼뜨린다. 이러한 신종 질환은 감염성도 없고 유전되는 것도 아니지만 환경과 습관의 형태로 다음 세대에 전달되고 지속된다.

비전을 보며 고칼로리 음식을 먹고 잠드는 생활은 우리 몸을 아프고 병들게 한다.

리버먼은 진화적 불일치에 따른 질환(불일치 질환)의 특징을 세 가지로 설명한다. 첫째, 치료가 불가능하지는 않지만 원인이 복합적이라서 예방하기 어려운 비감염성 질환이다. 이들 질환 가운데 상당수는 아예 원인조차 밝혀내지 못한 상태이다. 둘째, 불일치 질환은 중장년층이 되어서야 발병하기 때문에 아이를 낳는 일이나 번식 적합도에 영향을 주지 않는다. 그렇기에 불완전한 형질을 걸러내는 자연선택의 수혜를 입지 못한다. 셋째, 고칼로리 가공식품, 편리한 가전제품, 위생적인 환경 등 우리의 생활수준을 향상시키는 요소들이 역으로 질환을 유발하고 촉진한다. 효율적이고 편리한 생활양식은 명백한 이점을 갖기 때문에 사람들이 체감하는 위험 감수성이 낮아 다음 세대로 이어진다. 그와 더불어 불일치 질환 또한 대물림된다.

감염성도 유전성도 띠지 않는 불일치 질환을 근본적으로 해결하기란 어려운 일이지만 당장 눈에 띄는 증상을 완화하거나 치료하는 일은 가능하다. 현대 의학은 이러한 증상을 치료하는 데 특화되어 있기 때문에 대중이 질환의 위험성을 간과하고 악순환을 가속하는 결과를 낳는다. 불일치 질환을 촉진하는 생활양식과 환경은 문화적 진화를 일으킨다. 그러나 우리 몸에 내재해 있는 수렵채집인의 유전자 스위치는 쉽사리 꺼질 줄을 모른다.

현대인이 살아가는 환경과 타고난 유전적 형질이 상호작용하면서 역진화라고 부를 만한 일이 일어나고 있다. 대니얼 리버먼은 이 악순환의 고리를 끊어내지 못하면 머지않아 부모 세대보다 오래 살지 못하는 첫 번째 세대가 등장할 수도 있다고 경고한다.

풍요가 안겨준 현대인의 병

만병의 황제, 암

오늘날 한국인의 사망 원인 1위는 암이다. 암은 1983년 통계조사가 시작된 이래 지금까지 단 한 번도 1위 자리를 놓친 적이 없다. 2019년 통계청이 내놓은 자료에 따르면 각종 암이 전체 사망 원인의 27.5퍼센트를 차지했고 사망률은 10만 명당 158.2명에 이른다. 사망률이 높은 암은 폐암, 대장암, 위암 순이다. 미국과 유럽에서도 암은 심장병에 이어 두 번째 주요 사망 원인으로 꼽힌다.

2020년 한 해 동안 전 세계에서 암에 걸린 사람은 1900만 명이 넘는다. 매년 1000만 명 이상이 암으로 사망하는데, 코로나19 팬데믹이 발생한 지 1년 6개월 동안 약 400만 명이 사망한 것에 비하면 어마어마한 수다. 더군다나 통계에 따르면 우리나라 사람이 기대수명까지 살 경우 암에 걸릴 확률은 37.4퍼센트라고 한다. 열 명 중 네 명은 생의 어느 시기엔가 암에 걸린다는 말을 허투루 흘려들어서는 안 된다.

인류가 암이 무엇인지 이해하게 된 것은 비교적 최근의 일이다. 불과 100년 전까지만 해도 사람들은 발암 메커니즘을 이해하지 못해 치료를 한답시고 오히려 암을 악화시키고 퍼뜨리기까지 했다. 1902년 마리와 피에르 퀴리 부부는 우라늄 광에서 폐기된 광물 찌꺼기를 증류해 0.1그램의 라듐을 추출해냈다. 암세포를 공격하는 능력이 탁월한 방사성 물질이 발견되자 의사들은 드디어 암의 치료법을 찾아냈다며 환호성을 올리고 암 치료에 이를 적극적으로 활용했다. 환자 몸속에 라듐을 이식하는 수술이 버젓이 이루어지는가 하면 페인트에 라듐을 섞어 판매하는 장사꾼들도 나타났다. 하지만 세포를 죽이고 DNA를 파괴하는 라듐의 강력한 방사선은 최초 발견자인 마리 퀴리의 몸에 암세포를 만들었다. 라듐 이식수술에 나선 의사도 치료를 받은 환자도 페인트를 칠했던 노동자도 모두 라듐이 유발한 암에 걸렸다.

고대 이집트의 파피루스에도 암에 관한 기록이 존재한다. '암'이라는 용어를 처음 사용한 사람은 지금으로부터 2500년 전 사람인 그리스의 의학자 히포크라테스다. 그 시대의 과학 수준으로 암의 실체를 밝힐 수 없었다는 점은 이해할 만하나 이후 2000년이 지나도록 치료법이 나오기는커녕 변변한 연구조차 이루어지지 않았다는 것은 다소 의아한 일이다.

라듐은 어둠 속에서 푸르스름한 빛을 낸다. 미국의 한 기업에서는 라듐이 섞인 페인트 '언다크(undark)'를 제조해 이를 칠한 야광 시계를 판매했다. 이 작업에 동원된 여성 노동자들은 대부분 라듐의 독성 때문에 전신에 심각한 다발성 괴사가 일어나 제대로 치료도 못 해보고 사망했고, 그나마 목숨을 부지한 사람들도 결국 암에 걸려 생을 마감했다.

이에 대해 종양학자이자 의사인 싯다르타 무케르지는 사람의 수명이 일정 수준 이상으로 늘어난 후에야 비로소 암의 정체가 드러났기 때문이라고 설명한다. 암 발병률이 가장 높은 연령대는 60세 이상인데, 100년 전까지만 해도 인간의 평균수명은 그에 한참 미치지 못했다. 암이 주요 사망 원인으로 부상한 것은 비교적 최근의 일이다. 이전까지는 의사들이 암에 걸린 환자를 접할 기회가 많지 않았기에 치료법을 연구할 기반이 마련되지 않았다.

그간 암에 대한 연구가 별다른 진척을 보이지 못한 데에는 또 다른 이유가 있다. 이는 암이 병원균에 의해 감염되는 병이 아니라 우리 몸에 있던 세포가 돌연변이를 일으켜 비정상적으로 증식해 생겨난 병이기 때문이다. 단 하나의 암세포만 생겨나도 그것이 무한으로 증식하며 종양이 되고 다른 부위로 퍼져나간다. 스위스 로잔 연방기술연구원 더글러스 해너핸과 MIT의 로버트 와인버그는 2000년 생물학 학술지 《셀》에 암세포의 공통적인 특징 여섯 가지를 정리해 발표한 바 있다.

첫째, 정상 세포는 호르몬이나 외부 요인의 성장 신호를 받아야 증식하지만 암세포는 신호와 상관없이 제멋대로 증식한다. 둘째, 암세포는 증식을 멈추라는 신호를 무시한다. 셋째, 세포가 비정상적으로 행동하면 자살 프로그램apoptosis이 작동하는데 암세포는 이를 따르길 거부한다. 넷째, 정상 세포는 세포분열 횟수가 정해져 있지만 암세포는 횟수 제한 없이 무한정 분열할 수 있다. 다섯째, 암세포는 신생 혈관을 만들어 종양이 계속 성장할 수 있도록 산소와 영양분을 공급한다. 여섯째, 암세포는 조직에 침투하며 다른 부위로 전이한다.

원래 내 몸에 있던 세포가 변한 것이므로 다른 건강한 세포를 손상시키지 않고 암세포만 제거하기란 무척 어렵다. 암세포는 조기에 발견해 완치를 하더라도 몇 년간 침묵하다 활동을 재개하곤 한다. 또한 치료약을 회피하거나 내성을 키우고 다른 세포를 이용하며 처음 발병한 부위에서 멀리 떨어진 부위로 전이하기도 한다. 마치 우리 몸을 최대한 효과적으로 빨리 점령하려는 의지라도 있는 것처럼 보이는 암세포는 해너핸과 와인버그가 정리한 여섯 가지 속성을 토대로 집요하게 자신의 유전자를 복제하고 퍼뜨린다. 무엇보다도 큰 문제는 우리 몸에 있는 수백 종의 세포는 종류를 불문하고 우리가 나이를 먹음에 따라 돌연변이를 일으킬 확률이 높아진다는 것이다.

정기 건강검진을 받을 때면 암과 관련해 가족력을 물어오는 경우가 있다. 그렇다면 암은 유전되는 것일까? 암에 걸린 산모가 낳은 아기에게 엄마의 암세포는 전이될까? 연구에 따르면 50만 명 중 한 명꼴로 태아에게까지 암세포가 전이되는 경우가 있다고는 하나 이는 매우 낮은 확률이다. 암은 비감염성 질환일뿐만 아니라 유전 질환도 아니다. 유전 질환은 생식세포분열 과정에서 염색체에 이상이 생겨 선천적으로 타고나는 병을 말한다. 대표적인 예로 혈우병, 터너 증후군 등이 있으며 암과는 모든

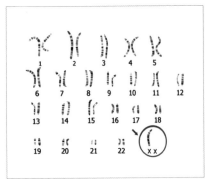
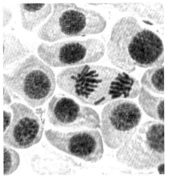

터너 증후군은 생식세포가 분열하는 과정에서 여성의 성염색체에 X 염색체가 하나 누락되어 나타나는 질환이다(좌). 터너 증후군을 가진 사람은 성장하면서 2차 성징이 나타나지 않고 키가 자라지 않으며 목에 물갈퀴처럼 생긴 조직이 돋아나기도 한다. 한편 암은 정상적인 세포가 돌연변이를 일으켜 암세포가 되어 과다 증식함으로써 발병하는 질환이다(우).

면에서 다른 특성을 보인다. 그렇다면 왜 건강검진을 할 때 암과 관련된 가족력을 조사하는 것일까?

2015년 《사이언스》에 전체 암 발생 건수 가운데 3분의 2는 운이 나빠서 걸린 것일 수 있다는 논문이 발표되자 전 세계가 술렁거렸다. 생물통계학자 크리스티안 토마세티와 종양학자 버트 보겔스타인이 31종의 암을 통계적으로 분석한 결과, 줄기세포의 분열 횟수가 많을수록 돌연변이 발생 확률이 높은 것으로 나타났다. 환경 요인이나 유전 기질이 암 발병에 미치는 영향은 3분의 1에 불과하고 줄기세포의 DNA 복제 과정에서 일어나는 무작위적 돌연변이의 영향력이 3분의 2에 이른다는 설명이었다.

연구진은 논문 초록에 '불운 bad luck'이라는 표현을 사용함으로써 건강관리를 잘해온 사람이나 가족력이 없는 사람도 운이 나쁘면 암에 걸릴 수 있음을 시사했다. 이 논문은 암 연구자를 비롯해 의료진, 환자, 환자의 가족, 그리고 꾸준한 몸 관리로 암을 예방할 수 있다고 믿어온 사람들에게 커다란 충격을 안겨주었다.

이에 세계보건기구 국제암연구소 IARC는 즉각 반론을 내놓았다. 암은 근본적으로 세포 돌연변이라는 우연성을 보이지만 무엇보다 환경과 생활양식이 주된 요인으로 작용한다는 기존의 논리를 옹호하고 나선 것이다. 흡연율이 낮아지면 폐암 발병률이 떨어지듯 모든 암 발생 건수의 절반 이상은 예방 가능하다고 국제암연구소는 강조했다.

이들은 지난 50년 동안 실시해온 역학조사 결과를 바탕으로 집단에 따라 특정 암의 발병률이 다르며, 동일한 지역에서도 환경과 생활양식이 바뀌면 예전에는 드물었던 암의 발병률이 몇 배 이상 증가하기도 한다는 점을 근거로 제시했다. 또한 토마세티와 보겔스타인이 위암, 자궁경부암, 유방암 등 인구 집단과 시대에 따라 환경 영향을 많이 받는 암을 연구 대상에서 제외했다고 지적했다.

이에 토마세티와 보겔스타인은 암은 복합적인 요인으로 발생하는 것이며 자신들은 환경과 유전 요인을 무시한 것이 아니라 무작위적인 돌연변이의 영향력을 간과해서는 안 된다는 사실을 강조하려 했을 뿐이라는 옹색한 해명을 내놓았다.

한편 미국 스토니브룩대 연구진은 토마세티와 보겔슈타인의 데이터를 달리 해석하면 오히려 암 발생 건수의 90퍼센트 이상이 외부 요인에 의한 것이라고 볼 수 있다는 논문을 《네이처》에 게재했다. 이들은 암 발생과 관련해 외부 요인을 중시하는 해석을 뒷받침하는 수많은 역학조사 결과들을 함께 제시했다. 이에 따르면 대장암의 75퍼센트는 식습관 때문이며 흑색종의 65~89퍼센트는 식습관이나 자외선 때문에 발병한다. 인간유두종바이러스는 자궁경부암이나 구강인두암을 유발하며, 간염바이러스나 헬리코박터 파일로리와 같은 세균 또한 암의 원인으로 작용할 수 있다.

이 밖에도 석면이나 일산화탄소, 포름알데히드와 같은 유해한 화학물질 및 방사선에 노출되는 환경, 흡연과 음주, 고칼로리 음식이나 육식 위주의 식습관, 수면 부족과 운동 부족 등 불균형한 생활 습관이 주요한 암 발병 위험 요인으로 꼽힌다. 특히 유방암이나 자궁암, 난소암, 전립선암 등 생식기 관련 암은 에스트로겐과 테스토스테론의 과다 분비와 상관관계가 있다는 사실이 밝혀졌다. 적당한 운동과 식이요법을 통해 성 호르몬 수치를 조절하면 이러한 암에 걸릴 확률을 낮출 수 있다.

그에 반해 유전적 요인으로 암에 걸릴 확률은 매우 낮은 편이다. 암 관련 가족력이란 본인을 기준으로 3대에 걸친 직계가족이나 사촌 가운데 동종 질환에 걸린 환자가 두 명 이상인 경우를 가리킨다. 배우 안젤리나 졸리는 가족력을 바탕으로 유전자

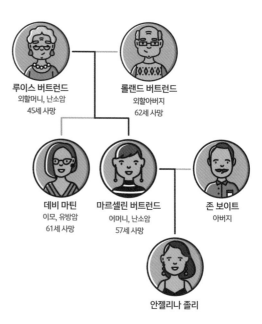

루이스 버트런드
외할머니, 난소암
45세 사망

롤랜드 버트런드
외할아버지
62세 사망

데비 마틴
이모, 유방암
61세 사망

마르셀린 버트런드
어머니, 난소암
57세 사망

존 보이트
아버지

안젤리나 졸리

안젤리나 졸리의 어머니는 난소암으로 사망하기 전 유방암 진단을 받았다. 그녀의 외할머니는 생전에 난소암을 앓았고 이모도 유방암으로 사망했다. 졸리는 유전자 검사를 통해 자신이 난소암과 유방암의 위험 인자를 가지고 있음을 확인하고 난소 및 유방 절제 수술을 받았다. 이는 자신의 유전자 지도를 토대로 예방적 수술을 결정한 최초의 사례이다.

검사를 실시해 자신에게 난소암이나 유방암을 유발하는 브라카 BRCA 유전자 변이가 있음을 발견했다. 이에 졸리는 예방 차원에서 난소 및 유방 절제 수술을 받았다.

가족력을 통해 유전적 요인 유무를 확인했다고 해서 누구나 안젤리나 졸리처럼 선제적 예방 조치를 실행하기란 어려운 일이다. 가족력 확인은 우리로 하여금 정기적인 검진을 실시함으로써 조기에 암세포를 발견하도록 도움을 줄 수 있다. 그러나 이보다 더 중요한 것은 건전한 생활 습관을 가족들과 공유하고 위험 요인을 줄임으로써 암에 걸리지 않도록 예방하는 것이다.

만성질환

각종 감염병의 원인이 세균이라는 사실이 밝혀진 이래로 보건과 위생에 대한 인식이 바뀌고 감염성 질환을 치료할 수 있는 항생제와 치료법이 개발됨에 따라 감염병으로 인한 위험은 서서히 줄어들었다. 이에 1974년 캐나다에서는 감염병 치료 중심의 의료 제도를 만성질환을 예방하고 건강을 증진시키는 방향으로 전환해야 한다는 내용을 담은 라론드 보고서Lalonde's Report가 발표되었다. 이 보고서에 수록된 연구 결과를 통해 급속도로 증가하는 만성질환의 원인 가운데 약 10퍼센트는 유전, 10퍼센트는 환경, 10퍼센트는 의료 문제이고 나머지 60퍼센트가량은 생활 습관이 차지한다는 사실이 드러났다. 이를 토대로 캐나다 정부는 국민들이 지속적으로 생활 습관을 개선할 수 있도록 지원한다는 계획을 수립했다.

라론드 보고서의 영향으로 1978년 세계보건기구WHO는 알마아타 선언Alma Ata Declaration을 채택했다. "모든 사람에게 건강을 Health for All"이라는 슬로건을 내건 이 선언은 건강 또한 보편적 인권의 하나라는 인식을 대중에게 심어주었다. 이때부터 세계인의 건강 증진과 의료 불평등을 해소하기 위해 다양한 전략이 등장했고, 국가 차원에서 필수 보건 의료 서비스를 지원하는 공중보건 개념이 정착되기 시작했다.

하지만 이러한 노력에도 불구하고 세계적으로 암, 심장병,

뇌졸중 등 비감염성 질환으로 인한 사망률이 감염병 사망률을 크게 앞질렀다. 지역이나 국가 단위가 아닌 전 지구적 차원에서 이 문제를 다룰 필요가 생겨난 것이다. 2011년 유엔 총회에서는 사회경제 발전을 저해하고 사회적 불평등을 심화시키는 비감염성 질환을 주요 의제로 선정하고 전체 사망 원인의 66퍼센트를 차지하는 만성질환을 국가 차원에서 관리해야 할 질병으로 지정했다. 이에 WHO는 '비감염성 질환에 대한 글로벌 액션 플랜 2013~2020'을 수립해 2025년까지 만성질환으로 인한 조기 사

2018년 통계청이 발표한 사망 원인 통계에 따르면 비감염성 질환으로 인한 사망자가 전체 사망자의 83.7퍼센트를 차지한다. 만성질환 사망자 비율은 암이 42.3퍼센트로 가장 높으며 고지혈증, 고혈압 등의 순환기 계통 질환과 천식 등 호흡기 질환, 당뇨병이 뒤를 잇는다.

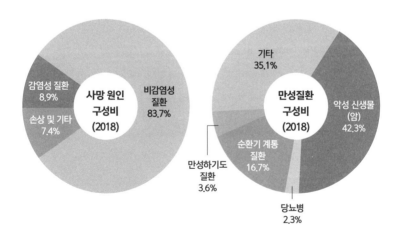

감염성 질환
8.9%
손상 및 기타
7.4%
사망 원인
구성비
(2018)
비감염성
질환
83.7%

기타
35.1%
만성질환
구성비
(2018)
악성 신생물
(암)
42.3%
순환기 계통
질환
16.7%
만성하기도
질환
3.6%
당뇨병
2.3%

망률을 25퍼센트 감소시킨다는 목표를 설정했다. 또한 만성질환을 유발하는 가장 큰 원인인 흡연, 과음, 불량한 식습관, 운동 부족 등 생활 습관을 개선하고자 각국 정부 차원의 지원과 관리를 촉구했다.

1990년부터 2019년까지 30년간 전 세계에서 질병으로 사망한 사람 중에는 심혈관 질환으로 목숨을 잃은 사람이 압도적으로 많았다. 전체 질병 사망자 가운데 3분의 1이 심장병으로 사망했다. 특히 별다른 전조 증상 없이 발생하는 심근경색은 피가 굳어 생긴 혈전으로 심장 동맥이 막혀 심장마비가 일어나고 산소 공급이 중단된 사이에 심장이 손상되는 병이다. 골든타임이 약 한 시간뿐이라 빠른 조치를 취하지 않으면 삶을 정리할 틈도 없이 갑작스레 목숨을 잃게 된다.

급성심정지는 심장에 전달되는 전기신호에 이상이 생겨 나타난다. 심박 수가 불규칙해지거나 심장이 아예 박동을 멈추면서 뇌에 산소 공급이 원활하게 이루어지지 않아 의식을 잃는다. 골든타임이 10분 이내라서 이 짧은 시간 안에 심폐소생술을 하고 제세동기로 심장을 다시 뛰게 하지 않으면 사망에 이르고 만다. 건강한 사람도 어느 날 갑자기 심근경색이나 급성심정지 증상을 겪을 수 있고, 한 번만 발병해도 짧은 시간 내에 치명적인 손상을 입을 수 있기 때문에 사망률이 높다.

심장병이란 원래 사람이 나이를 먹으면서 심장의 기능과 혈관이 노화해 생기는 병이다. 하지만 20세기에 들어와서는 60세

이하 성인 가운데 30퍼센트 이상이 심장병에 걸릴 정도로 발생 비율이 높아졌다. 이에 1948년 하버드대와 매사추세츠주 보건부는 심장병의 원인을 밝히고자 프레이밍햄 주민 5000명을 모집해 코호트 연구 cohort study를 실시했다.

코호트 연구란 특정 지역에서 비슷한 시기에 태어나 동일한 특성을 갖고 살아가는 인구 집단을 장기간에 걸쳐 추적 관찰하며 질병과 위험 인자의 상관관계를 조사하는 것이다. 프레이밍햄 연구를 통해 당뇨병, 흡연, 불균형한 식습관, 비만, 운동 부족, 지나친 스트레스, 고혈압 및 동맥경화증이 심장병의 위험 인자로 판명되었다. 1971년부터는 1세대 참여자들의 자녀까지 포함해 연구 대상을 늘렸고, 2002년에는 3세대 5000여 명을 연구 대상 범주에 추가했다. 지금까지 수천여 편의 논문을 낳은 프레이밍햄 연구는 역사상 가장 유명한 질병 연구 가운데 하나로 꼽힌다.

인간의 심장은 1분에 약 70번, 하루에 10만 번씩 수축하고 확장(이완)한다. 보통 사람이 80년을 산다고 가정하면 평생 30~35억 번 박동하는 셈이다. 심장에서 대동맥으로 분출된 혈액은 다시 가느다란 모세혈관으로 퍼져나가는데 이때 모세혈관의 저항 때문에 혈액이 혈관 벽을 누름으로써 발생하는 압력을 혈압이라고 한다. 어떤 사람의 혈압이 120/80mmHg이라고 할 때 120은 수축기 혈압을 뜻하고 80은 확장기(이완기) 혈압을 뜻한다. 둘 중 더 중요한 것은 확장기의 혈압이다. 확장기 혈압은

혈압계에서 맨 위에 표시되는 SYS는 수축기 혈압, 가운데의
DIA는 확장기(이완기) 혈압, PULSE는 분당 맥박 수를 뜻한
다. 2017년 미국 심장협회는 고혈압 진단 기준을 130/80으
로 강화했으나 우리나라는 아직까지 140/90을 진단 기준으로
유지하고 있다. 정상적인 성인의 맥박 수는 분당 50~100회이
다. 3세 이하일 때는 90~120회 수준으로 맥박이 빨리 뛰다가
나이가 들수록 느려진다. 맥박이 불규칙하게 뛰는 상태를 부정
맥이라고 하는데 이는 심장마비의 원인이 될 수 있다.

심장이 피를 끌어모을 때 이겨내야 하는 압력을 뜻한다. 수축기
혈압이 동일하다 해도 확장기 혈압이 높은 사람 쪽이 심장에 더
큰 부담을 받는다. 모세혈관이 좁아지면서 저항이 높아지거나
동맥의 탄성이 떨어지면(동맥경화증) 혈압이 상승해 고혈압이
된다.

심장병뿐만 아니라 뇌졸중 또한 심혈관 질환으로 통칭하

는 것은 심장에서 생겨난 혈전이 혈관을 돌아다니다가 뇌혈관을 막거나 터뜨려서 신경학적 문제를 일으키기 때문이다. 흔히 중풍이라고도 부르는 뇌졸중은 안면이 마비되거나 팔과 다리에 힘이 빠지고 어지럼증을 느끼며 발음이 불분명해지는 등 전조 증상이 나타나는 경우도 있지만, 아무런 전조 증상 없이 곧바로 중증으로 악화되는 경우 또한 적지 않다. 뇌졸중은 뇌경색과 뇌출혈로 구분되는데, 최근 들어 뇌경색의 비율이 80퍼센트까지 늘어났다.

뇌경색은 고혈압, 당뇨, 고지혈증 등의 동맥경화로 혈관이 좁아지거나 혈전이 뇌혈관을 막아서 발생한다. 증상이 나타나면 세 시간 이내에 혈전 용해제를 투여해 신속하게 혈관을 뚫어야 뇌 손상을 최소화할 수 있다. 뇌경색은 60세 이상의 고령자층

뇌경색(좌)은 혈중 콜레스테롤 수치가 높아지면서 혈전 등으로 뇌혈관이 막힘에 따라 뇌에 혈액 공급이 끊겨 나타나는 증상이다. 한편 뇌출혈(우)은 뇌혈관이 혈압을 버티지 못하고 터져서 피가 혈관 밖으로 새어 나오는 증상이다.

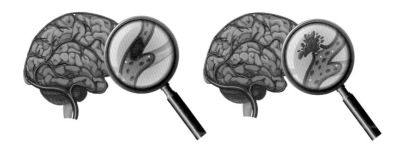

에서 발생하는 경우가 많은 데 비해 뇌출혈은 20~40대에도 많이 발생한다. 스트레스 등으로 인해 혈압이 높아지면서 뇌혈관이 터지는 고혈압성 뇌출혈과 뇌혈관이 지나치게 가늘어 꽈리 형태로 부풀어 터지는 동맥류성 뇌출혈이 있다. 출혈 부위와 출혈량에 따라 차이는 있지만 수술을 해도 후유증이 남을 가능성이 높다.

만성질환은 대니얼 리버먼이 이야기한 불일치 질환을 대표하는 질병이다. 우리 몸의 유전적 형질이 현대의 생활환경에 적응하지 못해 발생하는 병인 것이다. 우리나라 질병관리청은 심뇌혈관 질환(심장병과 뇌졸중), 당뇨병, 만성호흡기 질환(천식), 암을 4대 만성질환으로 지정했다. 만성질환을 앓는 사람들은 증상을 완화하기 위해 약물을 복용하거나 수술을 받는 등 치료를 병행하면서 남은 생애 동안 질환을 안고 살아가야 한다.

20세기 후반 들어 의학 기술이 발달하면서 만성질환으로부터 생존할 확률은 높아졌지만 노인 인구가 늘어남에 따라 상대적으로 만성질환의 유병률이 상승했다. 그 결과로 만성질환이 주요 사망 원인 목록에 이름을 올리게 된 것 또한 사실이다. 그런데 2000년대 이후에는 선진국에서 개발도상국으로, 노년층에서 중장년층으로 만성질환이 빠르게 확산되고 있다.

만성질환 발병률을 높이는 위험 인자들은 복합적으로 작용한다. 고혈압, 고콜레스테롤, 흡연, 음주, 비만, 당뇨병, 운동 부족, 나트륨 과다 섭취 등 각각의 요소는 다른 위험 요소의 발현을 충동질하는 원인이 되어 악순환의 고리를 이룬다. 근본적인 원인은 나쁜 식단과 부적절한 생활 습관이다. 고칼로리 음식을 섭취한 뒤 움직이지 않으면 남는 에너지가 지방으로 저장되어 콜레스테롤 수치를 높이며 비만을 초래한다. 비만은 당뇨병과 고혈압의 원인이 되고 심장과 뇌혈관에 무리를 줌으로써 우리의 건강을 종합적으로 위협한다.

심장과 뇌의 혈관에 차곡차곡 쌓여나가는 문제들을 속 시원하게 해결해줄 치료법은 없다. 죽지 않을 만큼의 몸 상태를 유지하기 위해 한 주먹어치 알약을 먹고 부작용을 견디며 사는 것보다 한 살이라도 젊을 때 미리미리 건강을 지키는 편이 낫다. 이런 만성질환에 시달리지 않더라도 우리 앞에는 한층 더 골치 아픈 문제가 기다리고 있다. 연장된 수명이 안겨준 퇴행성 질환이라는 과제다.

품위 있는 죽음과 퇴행성 질환

자네는 언제나 우울한 방문객
어두운 음계를 밟으며 불길한 그림자를 이끌고 오지만
자네는 나의 오랜 친구이기에 나는 자네를
잊어버리고 있었던 그동안을 뉘우치게 되네

자네는 나에게 휴식을 권하고 생의 외경을 가르치네
그러나 자네가 내 귀에 속삭이는 것은 마냥 허무
나는 지그시 눈을 감고, 자네의
그 나직하고 무거운 음성을 듣는 것이 더없이 흐뭇하네

(중략)

생에의 집착과 미련은 없어도 이 생은 그지없이 아름답고
지옥의 형벌이야 있다손 치더라도
죽는 것 그다지 두렵지 않노라면
자네는 몹시 화를 내었지

1968년 시인 조지훈이 사망하기 넉 달 전 마지막으로 발표한 시 「병에게」의 일부다. 담담하게 죽음을 수용하는 시인의 태도는 초연함을 넘어서 숙연함마저 느끼게 한다. 마지막 시를 써 내려가던 조지훈의 나이는 49세였다. 그는 심혈관 및 호흡기 질환으로 4년간 투병했지만 당대의 의학 기술로는 마땅한 치료법이 없었다. 1970년 한국 남성의 평균수명이 58.6세였으니 당시로서도 때 이른 죽음이었다.

죽음은 인간에게 약속된 운명이다. 그러나 평소 어떻게 죽을 것인가에 대해 깊이 생각해본 사람은 많지 않을 것이다. 2008년 영국 보건부가 발표한 생애 말기 돌봄 경로 모델 보고서에 따

르면 '좋은 죽음'이란 익숙한 환경에서 인간적 존엄을 유지한 채 가족이나 친구와 더불어 고통이나 기타 증상 없이 편안하게 맞이하는 죽음을 말한다. 과연 현대인에게 좋은 죽음은 실현 가능한 것일까?

전 세계적으로 가장 선호받는 임종 장소는 집이다. 한국인의 40퍼센트, 일본인의 70퍼센트, 미국인의 80퍼센트가 자신이 살던 집에서 죽음을 맞이하고 싶어 한다. 집에서 생을 마감하고 싶다고 응답한 한국인의 비율이 낮은 것은 실제로 일반 가정에서 가족이나 지인의 임종을 지켜본 경우가 드물기 때문이다. 2017년에는 국내 암 환자의 92.1퍼센트가 의료 기관에서 사망했다. 이는 전체 사망자의 76퍼센트에 해당하는 수다. 자택에서 임종을 맞이하길 원하는 사람의 비율이 가장 높은 미국의 경우에도 의료 기관에서 죽은 사람이 전체 사망자의 35.8퍼센트이고 집에서 사망한 사람은 30.8퍼센트에 불과하다.

최근 들어 생애 말기 돌봄에 대한 관심과 인식의 확대로 호스피스 기관에 대한 선호도가 노년층을 중심으로 가파르게 상승하고 있다. 2016년 우리나라 보건사회연구원에서 조사한 결과에 따르면 응답자의 80퍼센트가 말기암 선고를 받으면 연명 치료 없이 남은 시간을 가족들과 함께하며 편안한 죽음을 맞고 싶다고 말했다. 오늘날 대한민국 전체 인구의 15퍼센트가 넘는 65세 이상 고령자 가운데 대부분은 남은 생애를 병마와 싸우느라 허비하지 않고 가족이나 지인과 더불어 충실하게 보내고자 한다. 이들이 원하는 것은 완화의료다. 완화의료는 환자가 인간다움을 유지할 수 있도록 신체적 통증을 줄여주고 심리적 두려움을 덜어주며 사후 남겨진 가족들의 슬픔까지 총체적으로 돌보는 의료 서비스를 가리키는 말이다.

하지만 우리나라에서 호스피스 완화의료는 암 말기 진단을 받은 환자에게만 적용 가능하다. 미국의 경우에는 암을 비롯해 심장병, 뇌졸중, 호흡기 질환, 치매 등 거의 모든 질병 환자를 대상으로 완화의료를 제공하고 말기 진단을 요구하지도 않는다. 이와 관련해 국내에서도 특히 치매 환자를 대상으로 완화의료의 적용 범위를 확대해야 한다는 목소리가 높아지고 있다.

서울대학교병원 완화의료 및 임상윤리센터는 호스피스 완화의료를 "중증 환자와 그 가족의 삶의 질을 높이는 전인적 돌봄을 제공하는 의료 서비스"라고 정의한다. 완화의료는 질병의 경중과 무관하게 제공할 수 있는 의료 서비스이나 우리나라에서는 제도적으로 말기암 환자와 가족에게만 호스피스 돌봄 서비스를 제공하도록 정해져 있다.

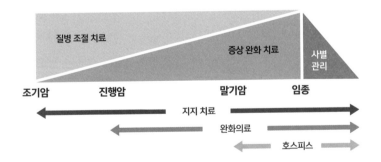

2019년 통계청 조사에 따르면 치매에 걸려 사망하는 사람의 수(혈관성 치매, 상세불명의 치매, 알츠하이머병에 의한 사망만 집계)는 2009년에 비해 두 배가량 증가했다. 고령화 사회에서 치매 유병률은 노인 인구 열 명 중 한 명꼴로 나타나며 2050년 무렵에는 우리나라 전체 치매 환자 수가 약 300만 명에 이를 것으로 추정된다. 치매는 아직까지 치료약이나 치료법이 밝혀지지 않아 완치는커녕 발병 이전 상태로 회복되는 것조차 어려운 퇴행성 질환이다. 게다가 치매 환자는 정신적 충격과 사회적 단절이라는 안팎의 극심한 변화를 감당해야 하며 환자를 돌보는 가족이 짊어져야 하는 부담도 만만치 않다.

노년기에 접어들면 누구나 인지 능력이나 기억력이 쇠퇴하고 주의력이 떨어지기 마련이다. 그런데 치매는 정상적인 노화에 따른 뇌 기능 저하와는 확연히 다른 증상을 보인다. 치매에 걸리면 뇌신경이 파괴되면서 기억력과 사고력이 급격히 떨어진다. 언어 장애가 나타나고 움직임에도 이상이 생기며 갑작스럽게 공격성을 드러내는 등 감정 기복이 심해진다. 증상이 심해지면 보호자의 도움 없이 일상생활을 유지하기가 어렵다.

치매에는 여러 종류가 있으나 가장 많이 발생하는 유형인 알츠하이머 치매가 전체 치매의 50~70퍼센트를 차지한다. 또 다른 유형으로 혈관성 치매를 들 수 있다. 혈관성 치매는 뇌졸중으로 뇌혈관에 이상이 생겨 뇌에 혈액 공급이 제대로 이루어지지 않아서 발생하며, 뇌졸중이 일어난 부위와 손상된 혈관의 면적에 따라 증상이 달라진다.

알츠하이머 치매는 중추신경의 기능이 퇴화함으로써 나타난다. 초기에는 최근에 있었던 일이나 약속 등을 기억하지 못하고 물건을 잘 잃어버리는 모습을 보인다. 말을 할 때 단어를 떠올리거나 문장을 완성하는 데 어려움을 겪으며 단순한 계산이나 요리를 못 하기도 한다. 종종 방향감각을 상실하고 길을 잃는 등 시공간 지각력도 저하된다. 1906년 독일의 정신과 의사 알로이스 알츠하이머는 이와 같은 증상을 호소하던 여성 환자가 사망한 후 그녀의 뇌에서 두 종류의 특이한 단백질을 발견했다. 당시 기술로 해당 단백질의 정체까지는 알아낼 수 없었지만, 이는 지금까지 확인된 알츠하이머 치매의 가장 유력한 발생 원인을 밝혀낸 쾌거였다.

알츠하이머 치매의 주범으로 지목받는 유력한 용의자는 베타 아밀로이드 단백질이다. 이 단백질은 신경세포를 보호하기 위해 생성된 후 일정 시간이 지나면 분해되어 사라지는 것이 정상이다. 그런데 사람이 나이를 먹으면 베타 아밀로이드 단백질이 분해되지 않고 뇌의 신경조직에 들러붙어 아밀로이드 플라크를 형성함으로써 뇌 기능에 장애를 일으킨다. 어쩌면 이는 반대로 뇌가 퇴행하면서 생겨난 부산물일 수도 있다. 아밀로이드 플라크를 제거해서 치매를 치료하거나 아예 형성 과정 자체를 차단해 알츠하이머 치매를 예방하려는 연구들이 진행 중이나 아직까지 이렇다 할 성과는 나오지 않았다.

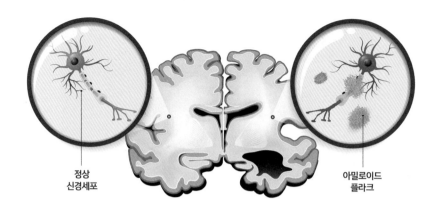

정상
신경세포

아밀로이드
플라크

분해되지 않은 베타 아밀로이드 단백질이 신경조직에 쌓이면
당과 결합해 딱딱한 플라크를 이룬다. 이 플라크가 신경세포를
교란해 치매를 유발한다는 것이 아밀로이드 가설이다.

두 번째 용의자는 타우 단백질이다. 이는 최근 들어 베타 아
밀로이드 단백질보다 더 큰 주목을 받고 있다. 타우 단백질의 인
산화가 과도해지면 단백질끼리 서로 엉키면서 신경세포를 손상
시킨다. 2020년 캘리포니아대 길 라비노비치 연구팀은 타우 단
백질이 많이 축적된 부위에서 뇌 조직이 위축되는 모습을 MRI
로 촬영하는 데 성공했다. 연구진은 타우 단백질이 쌓이는 부위
와 축적량을 확인함으로써 알츠하이머 치매를 비교적 정확하게
예측할 수 있다고 발표했다. 베타 아밀로이드 단백질을 표적으
로 삼은 연구들이 잇달아 실패로 돌아가면서 타우 단백질에 초
점을 맞춘 치료제 개발에 기대가 쏠리고 있다.

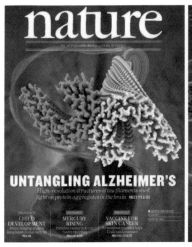

《네이처》 표지에 실린 타우 단백질의 나선형 필라멘트 구조
(좌)와 타우 단백질로 가득 찬 신경세포(우). 2017년 영국
MRC 분자생물학연구소의 스즈스 스키어스와 미셸 고더트 연
구팀은 알츠하이머 치매의 원인인 타우 단백질의 고해상 구조
를 분석한 논문을 《네이처》에 발표했다. 2019년에는 독일의
신경퇴행성질환 및 노인정신의학부 미하엘 헤네가 연구팀이
아밀로이드 가설을 뒷받침하는 타우 단백질과 아밀로이드 베
타 단백질 간의 연결고리에 관한 연구를 발표했다.

　　이 밖에도 2형 당뇨병을 알츠하이머 치매의 원인으로 추정
해 인슐린 저항성이 아밀로이드 플라크와 타우 단백질의 인산
화를 촉진한다는 가설이나 뇌세포의 에너지원인 포도당이 부족
해서 뇌 손상이 일어난다는 가설도 존재한다. 치매에 대한 연구
는 아직 초기 단계에 머물러 있다. 우리는 여전히 뇌에 대해 아
는 바가 별로 없다. 치매의 원인을 정확히 파악하지 못하고 있기

에 뚜렷한 예방책도 없는 실정이다. 현재 치료제로 시판 중인 약도 살아 있는 뇌세포에만 작용하기 때문에 조기에 치매를 발견하지 못하면 치료는커녕 진행을 늦추기도 쉽지 않다.

이 병의 가장 악독한 측면은 우리가 인간으로서 존중받고 품위 있게 살아갈 수 있도록 해주는 요소들을 앗아간다는 점이다. 치매 말기에 이르면 익숙한 장소도 사랑하는 사람의 얼굴도 기억하지 못한다. 이해하고 공감하고 보살필 줄 알았던 인격이 파괴된다. 정신착란을 경험하거나 자제력을 잃고 분노를 표출하며 최소한의 인간다움을 유지하는 일조차 어려워진다. 가장 가까이서 나를 보살피는 사람에게 정신적, 물리적, 경제적 부담을 안겨준다. 여기에 품위 있는 죽음이 끼어들 틈은 없다.

지금까지 현대인의 각종 질병에 대해 알아본 바를 종합하면 한 가지 결론에 이른다. 인류가 미래로 나아가기 위해서는 어느 정도 과거로 회귀할 필요가 있다는 것이다. 우리는 로봇 청소기와 스마트폰을 끼고 사는 수렵채집인이며, 슈퍼카와 비행기를 타고 우주를 관광하며 달에 기지를 짓고자 하는 원시인이다. 로봇 청소기와 스마트폰과 슈퍼카와 비행기와 우주선과 달 기지는 모두 인류의 물질적 풍요를 상징하며 인간의 지성이 한없이 뻗어나갈 수 있음을 증명하는 것들이지만 우리가 건강하고 행복하게 100년을 살도록 보장해주는 요소는 아니다.

우리는 스스로를 둘러싼 물질적 풍요 속에서도 마치 수렵채집인이 된 것처럼 분주하게 몸을 움직이고 비축 식량에 한계가 있는 사람처럼 적당량의 영양분을 알맞은 때에 섭취해야 한다. 협력하지 않고서는 사냥에 성공할 수 없었던 선조들처럼 서로를 아끼고 보살피며 공동체가 제공하는 정서적 안식과 삶의 의미감을 향유해야 한다. 술이나 담배는 수렵채집인이나 초기 농경인에게 값진 기호품이자 문화생활의 매개가 되어준 물질이지만 남용해서 좋을 게 없다. 우리 선조들이 그랬듯 경사가 났을 때나 공동체에 특별한 일이 있을 때만 즐기는 절제를 보이는 편이 바람직하다.

놀랍도록 화려한 기술에 둘러싸인 놀랍도록 풍요로운 세상에서 몸만은 가난한 수렵채집인처럼 땀 흘리며 살자. 이것이 우리의 지식과 문화뿐만 아니라 우리의 몸까지 미래로 보내줄 유일한 방법이다.

도시에 사는 현대인은 동물원에 갇힌 얼룩말과 같다. 아무리 맛있는 음식을 먹고 최고 수준의 의료 혜택을 누린다 해도 몸과 마음은 너른 사바나를 갈망하며 시름에 잠긴다.

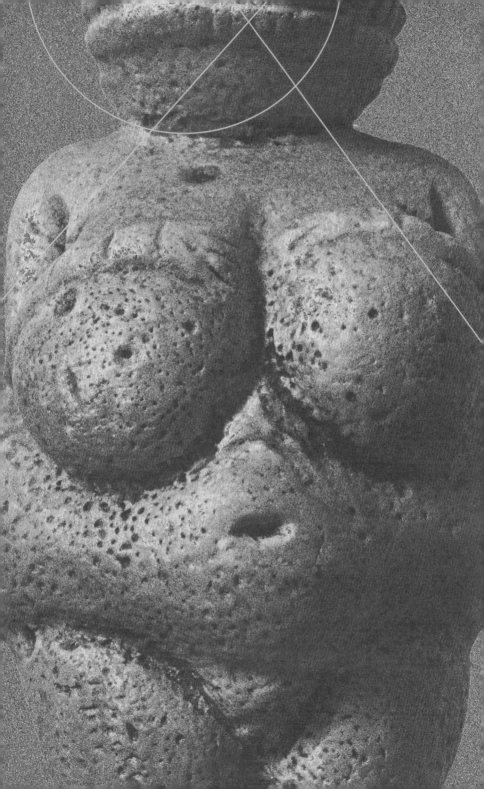

비만과의 전쟁

비만의 시대

먹방과 다이어트

'먹방'은 기묘한 트렌드다. 대놓고 좋다고 말하는 사람은 없는데 안 보는 사람도 거의 없다. 어마어마한 양의 음식을 앉은자리에서 먹어치우거나 호들갑을 떨며 매운 음식을 먹거나 탄수화물을 탄수화물과 함께 먹거나 기름을 뚝뚝 떨어뜨리며 기름진 음식을 탐하는 등 먹는 행위의 원초적 즐거움을 강조하는 먹방은 유튜브와 공중파 텔레비전을 가리지 않고 커다란 인기를 끌고 있다. 사람들은 배가 고파서 남이 음식 먹는 모습을 감상하는 게 아니다. 우리 안방을 뜨겁게 달군 먹방 열풍은 뭐든 원껏 먹고 싶지만 살은 찌고 싶지 않은 현대인의 이율배반적 욕망을 투영한 것이다.

지난 10년간 우리나라의 성인 비만율은 12퍼센트 이상 증가했고 2019년 실시한 조사 결과에 따르면 33.8퍼센트에 이르렀다. 전체 성인의 3분의 1이상이 비만이라는 이야기다. 이는 비단 우리나라만의 문제가 아니다. 대부분의 선진국에서 1980년대 이후로 비만 인구가 두 배 가까이 증가했다. 2017년 기준 경제협력개발기구OECD 회원국의 평균 비만율은 57.2퍼센트인데, 미국은 70.1퍼센트, 영국은 62.3퍼센트에 이른다. 미국인과 영국인 10명 중 6~7명은 과체중이거나 뚱뚱한 사람인 셈이다. 비만 인구가 증가할수록 날씬한 몸에 대한 갈망은 커진다. 덕분에 다이어트 산업은 늘 호황이다. 살이 찌는 것은 순식간인데 살을 빼기는 왜 이렇게 어려울까?

　　몸무게 127킬로그램에 체질량지수 41인 A는 젊어서부터 각종 운동을 비롯해 식이요법, 원푸드 다이어트, 다이어트 보조식품, 한약 등등 온갖 방법을 동원해 체중 감량을 시도했지만 번번이 실패했다. 잦은 다이어트를 하면서 몸의 면역력이 떨어지는 바람에 장누수증후군까지 생겼다. 이는 장 내벽에 생긴 구멍으로 음식에 들어 있는 독소나 장내 유해균이 누출되어 체내 염증을 유발하는 증상이다.

　　A는 출산 후 우울증에 시달리다 음식에 대한 집착이 심해져 고도 비만이 되었다. 직업상 하루에 10킬로미터 이상을 걷는데도 그녀의 몸무게는 줄어들지 않는다. 이유는 간단하다. 섭취하는 칼로리(열량)가 소모하는 칼로리보다 많기 때문이다. 우리

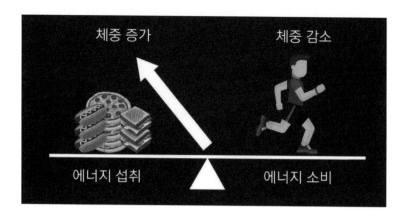

살이 찌지 않기 위해서는 칼로리의 평형을 이루어야 한다. 음식으로 섭취하는 칼로리가 소모되는 칼로리보다 많으면 체중 조절에 실패할 수밖에 없다. 어찌 보면 당연한 것 같은 이 사실은 우리 몸이 여분의 칼로리를 소모하기보다 지방으로 저장하는 쪽을 우선시하기 때문이다.

몸은 가능한 한 살이 빠지지 않도록 여분의 칼로리를 차곡차곡 지방으로 저장하게끔 설계된 수렵채집인의 몸이다.

　인간의 몸이 필요로 하는 에너지는 크게 세 가지로 나뉜다. 첫 번째는 생물체가 살아 있기 위해 반드시 필요한 기초대사량이다. 가만히 누워 있는 동안에도 우리는 숨을 쉬고 뇌를 가동하며 심장에서 피를 내보내고 면역체계를 유지한다. 하루 동안 소비하는 에너지양의 60~75퍼센트가 이러한 기초대사량으로 소모된다. 두 번째는 음식물을 먹고 소화시키는 데 필요한 에너지와 체온을 유지하는 데 쓰이는 에너지로 하루 소비 에너지양의 약 5~10퍼센트를 차지한다. 세 번째는 걷고 뛰고 물건을 나르는 등 이동하거나 운동을 할 때 소모하는 활동대사량이다. 활동대사량은 하루 소비 에너지양의 15~35퍼센트를 차지한다.

기초대사량은 성별과 나이에 따라 차이를 보인다. 성인 남성의 경우에는 1600~1700킬로칼로리^kcal, 성인 여성의 경우에는 1000~1100킬로칼로리 정도다. 나이가 들수록 기초대사량은 줄어든다. 흔히 말하는 살 안 찌는 체질 또는 살찌는 체질이란 기초대사량의 높낮이와 관계가 있다. 몸무게가 같더라도 근육량이 많은 사람이 기초대사량이 높다. 지방조직은 1킬로그램당 3~4킬로칼로리를 소비하지만 심장이나 장기를 구성하는 근육은 1킬로그램당 10~15킬로칼로리, 골격근은 13~20킬로칼로리를 소비하기 때문이다. 다이어트를 할 때 식이 조절과 유산소운동에 집중하면 근육량이 줄어들면서 기초대사량이 낮아진다. 그러면 다이어트를 중단했을 때 예전보다 더 빨리 살이 찌는 요요 현상이 일어날 수 있다.

우리 몸이 에너지를 소비하는 방식을 토대로 하루 적정 필요 열량을 계산해보면 25세 남성은 2600~2700킬로칼로리, 여성은 2000~2100킬로칼로리 정도라는 것을 알 수 있다. 이렇게 자신에게 필요한 열량을 알고 나면 식품에 표기된 100그램당 칼로리를 합산해서 하루 식사량을 계획할 수 있지 않을까? 말은 쉽지만 실생활에 적용하기는 만만치 않은 일이다. 특히 한 끼 식사만으로 손쉽게 하루 필요 열량을 초과하기 일쑤인 현대인의 식습관을 고려하면 더욱 그렇다.

세계보건기구에서 정의하는 비만의 척도는 체질량지수^{BMI}다. 체질량지수는 몸무게를 키의 제곱으로 나눈 값이다. 키 1.8미터에 몸무게 81킬로그램인 사람의 체질량지수는 25다. 동양인의 경우 체질량지수가 23 이상일 때 과체중, 25 이상을 비만, 30 이상이면 고도 비만으로 분류한다. 참고로 서양인은 25 이상이면 과체중, 30 이상이면 비만, 40 이상은 고도 비만으로 분류한다.

2014년 세계보건기구는 비만을 '치료가 필요한 신종 전염병'으로 분류했다. 세계 인구의 3분의 1에 해당하는 20억 명이 과체중에 해당하고, 체질량지수 30 이상인 경우에 나타나는 병적 비만 인구도 매년 10퍼센트 가까이 늘고 있다. 고도 비만인 사람은 건강한 사람에 비해 2형 당뇨병이나 고혈압, 고지혈증 등 성인병 발병 위험이 14배가량 높고 심장병에 걸릴 확률도 1.7배 상승한다. 각종 암이나 관절염, 천식, 불임, 우울증에 걸릴 가능

비만은 21세기의 신종 전염병이다.
- 세계보건기구

성도 증가하며 합병증으로 인한 사망률도 20퍼센트 이상 높다. 비만은 더 이상 외모 관리 차원의 문제가 아니다.

대한비만학회는 체질량지수보다 허리둘레를 기준으로 비만을 진단하도록 권장한다. 체질량지수의 지표인 체중은 성별, 나이, 근육량, 골밀도 등과 밀접한 관련이 있다. 근육량이 많아서 체중이 많이 나가면 BMI가 높아지고, 골밀도가 떨어지거나 무리한 다이어트로 체중이 줄면 BMI도 내려간다.

하지만 BMI가 낮아도 비만으로 인한 건강 문제를 겪을 수 있다. 일반적으로 '마른 비만'이라고 불리는 사람들의 경우에는 대사증후군 발생 위험이 정상인의 4배 이상 높다. 허리둘레 치수를 재면 복강 안쪽에 내장 지방이 쌓인 복부 비만 정도를 측정할 수 있다. 남성은 허리둘레 90센티미터, 여성은 85센티미터 이상이면 복부 비만에 해당한다.

복부 비만은 여러 가지 성인병 증상이 동시에 나타나는 대사증후군의 진단 기준이기도 하다. 대사증후군을 겪는 환자의 사망률은 다른 만성질환 환자들에 비해 20퍼센트 이상 높다. 그뿐만 아니라 2형 당뇨병이나 심혈관 질환에 걸릴 위험도 높다. 2019년 국내 연구진은 허리둘레가 5센티미터 증가할 때마다 사망 위험률이 10퍼센트 이상 증가한다는 연구 결과를 내놓았다. 정상 체질량지수 범주 내에 있어도 허리둘레 측정값이 복부 비만에 해당한다면 건강에 적신호가 켜진 것이라고 보아야 한다.

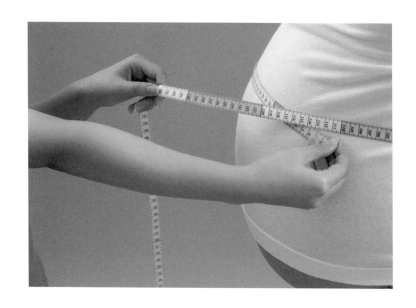

대사증후군은 복부 비만, 고혈압, 고혈당, 고지혈증, 고밀도콜레스테롤(HDL) 수치 저하 등 신진대사를 떨어뜨리는 증상 가운데 세 가지 이상이 동시에 나타나는 질환이다. 특히 복부 비만이 생기면 고혈압은 75퍼센트, 고혈당은 50퍼센트 이상의 확률로 발생한다.

비만은 가난을 먹고 자란다

인류는 수백만 년 동안 먹을 것이 풍족하지 않은 환경에서 살았기 때문에 먹거리가 있을 때 충분히 에너지를 저장해놓는 몸을 갖게 되었다. 지방은 인체가 에너지를 가장 효과적으로 보관하는 수단이다. 다시 말해, 지방을 잘 축적하는 능력은 인류가 오랜 진화 과정에서 획득한 적응적 능력에 해당한다.

오스트리아 빌렌도르프에서 발굴된 비너스(좌)와 체코 돌니 베
스토니츠에서 발굴된 비너스(우). 이와 비슷한 체형을 보이는
비너스 조각상이 유럽과 아시아 등지에서 200개 가까이 출토
되었다.

　빌렌도르프의 비너스는 유럽과 아시아 등지에서 출토된
200여 개의 뚱뚱한 비너스 조각상들 가운데 대표 격인 작품으로
잘 알려져 있다. 이들 조각상이 제작된 시기는 지금으로부터 약
2만~2만 5000년 전으로 추정된다. 당시는 지구의 마지막 빙하
기이자 최대 규모의 빙하기로서 유럽과 아시아 대륙의 상당 부
분이 얼음으로 뒤덮여 있었다. 혹한의 환경 속에서 생존을 위해
싸워야 했던 선조들에게 뚱뚱한 여성의 몸은 가장 바람직한 유
전적 특성을 상징하는 아름다운 형태였던 것이다. 이후로도 고
대 그리스 시대에 제작된 〈밀로의 비너스〉를 비롯해 보티첼리의

〈비너스의 탄생〉, 루벤스의 〈비너스와 아도니스〉, 19세기에 카바 넬이 그린 〈비너스의 탄생〉에 이르기까지 사랑과 미의 여신 비너스는 항상 살집이 좋고 토실토실한 여성으로 묘사되곤 했다.

19세기 말만 해도 비만은 부의 상징이었다. 당시 미국의 한 보험회사는 고객의 신장과 체중을 통해 체질량지수를 계산하는 방법을 고안하고 수치가 높을수록 더 많은 보험료를 책정한다는 원칙을 세웠다. 이는 비만이 유병률을 높인다거나 보험회사의 부담을 증가시키기 때문이 아니라 그저 부자에게 더 많은 보험료를 받아내기 위해서였다. 살찐 사람이 곧 사회 부유층이라는 인식이 그만큼 보편적이었던 셈이다.

비만과 풍요, 비만과 부유함의 관계는 지난 150년 동안 급격한 변화를 겪었다. 미국 연방정부 통계에 따르면 소득수준에 따라 비만율 분포 또한 달라진다. 연봉이 낮은 집단에서는 소득이 높을수록 비만율이 높고, 연봉이 높은 집단에서는 소득이 높을수록 비만율이 낮다. 마찬가지로 개발도상국에서는 소득이 높을수록 비만율이 높고, 선진국에서는 소득이 높을수록 비만율이 낮다. 가난한 사람들의 사회에서는 살찐 사람이 부자 취급을 받지만, 부자들 사이에서는 건강하고 절제된 식단을 선호하며 꾸준한 운동으로 자기 관리를 하는 사람이 진짜 부자 취급을 받는다.

정말로 비만은 가난을 먹고 자라는 것일까? 2013년 사모아 항공은 몸무게가 많이 나가는 사람에게 항공료 할증 운임을 받

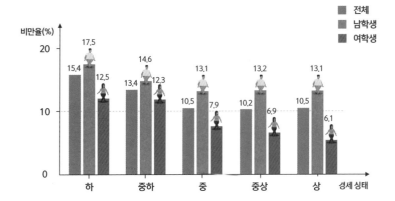

비만율(%)

전체
남학생
여학생

2018년 우리나라 청소년의 건강 형태 조사를 토대로 각 가정의 경제 상태에 따른 비만율을 분석한 결과, 선진국형 비만율 분포가 나타났다. 가정의 경제 형편이 어려울수록 자녀의 비만율이 높아지며 특히 여학생의 경우에 이러한 경향이 더 뚜렷하다.

고 몸무게가 적게 나가는 사람에게는 할인 혜택을 주는 제도를 도입했다. 비만인에 대한 편견과 차별을 드러낸 처사라며 많은 논란이 일었으나, 사모아 항공이 승객의 체중에 따라 항공료를 차등 책정한 데에는 나름의 이유가 있었다.

아메리칸사모아, 나우루, 쿡제도 등 남태평양에 위치한 작은 섬나라들은 세계에서 비만율이 높은 나라 상위 10개국 가운데 아홉 자리를 차지하고 있다. 그중에서도 가장 비만율이 높은 아메리칸사모아는 성인 인구의 75퍼센트가 비만이다. 인구 6만 명의 작은 섬나라가 세계 최고의 비만율을 기록하게 된 이유는 무엇일까?

첫 번째로는 유전적 요인을 들 수 있다. 2016년 피츠버그대 라이언 민스터 연구팀은 사모아인의 25퍼센트가 갖고 있는 희귀한 유전자를 찾아냈다. 이는 소위 '비만 유전자'라고 불리는 CREBRF 유전자로, 쉽게 말해 지방 축적 유전자다. 이 유전자를 보유한 사람은 비만이 될 확률이 보통 사람에 비해 30~40퍼센트 정도 높다. 사모아인이 진화 과정에서 잦은 기아를 경험한 탓에 이와 같은 유전자를 보유하게 되었으리라는 추측이 보편적이다. 주기적으로 먹거리가 부족한 시기를 겪다 보면 최대한 에

아메리칸사모아까지 운항하는 유일한 항공사인 사모아 항공은 2013년 세계 최초로 체중별 요금제를 시행했다. 9인승 소형 항공기가 주 기종이라서 중량에 더 민감한 데다 세계에서 가장 비만율이 높은 나라 고객들을 실어 나르는 고충이 상당했던 모양이다. 항공료를 아끼고자 좌석을 예약한 후에 다이어트를 하는 사람들도 있다고 한다.

너지를 절약해 지방으로 저장하려는 유전형질이 발현되고, 그 결과 상대적으로 풍요로운 시기가 도래하면 비만과 당뇨에 취약해질 수 있다.

두 번째 요인으로 거론되는 것은 급격하게 서구식으로 변화한 이들의 식단이다. 사모아인은 수천 년 동안 고된 타로 농사와 닭 사육과 고기잡이에 의지해 살아왔다. 그러나 20세기 초 미국의 해외 영토로 편입되고부터 정제된 탄수화물과 값싼 트랜스 지방을 주성분으로 하는 서구식 식단이 사모아인의 식탁을 점령하게 되었다.

미국의 영양학자 배리 팝킨은 비타민과 섬유질이 제거된 옥수수, 밀 등의 정제 곡물을 많이 섭취하면서 생겨난 질환을 '문명의 질병'이라고 정의했다. 비만을 단지 개인의 식습관과 생활 방식 문제로만 볼 것이 아니라 역사적 현상으로 바라보아야 한다는 것이다. 이후 이는 비만, 2형 당뇨병, 고혈압 등의 성인병과 암, 심혈관 질환 등 만성질환을 아우르는 '서구병'이라는 개념으로 구체화되었다.

1971년 영국의 의사 데니스 버킷은 유럽으로 이주하면서 서구식 식단에 노출된 아프리카인들 사이에 단기간 동안 변비와 대장암을 비롯한 서구병이 급증하는 것을 확인하고 '섬유질 가설'을 제시했다. 이는 섬유질을 정제한 탄수화물을 섭취하면 장 건강에 문제가 생긴다는 내용이었다.

아메리칸사모아를 비롯한 남태평양의 작은 섬나라들과 최근 들어 비만율이 급증하고 있는 사하라 이남 저개발국들이 처한 상황은 매우 비슷하다. 혹독한 자연환경 속에서 잦은 기아와 싸워 이겨야 하는 몸을 가진 사람들은 저렴하면서도 열량이 높은 설탕, 밀가루, 기름과 가공식품을 거부할 수 없었다. 달고 짠맛으로 가공된 음식들은 포만감을 주는 대신 더 많은 음식을 원하게 만든다. 가난한 사람들은 섭취한 칼로리에 비해 영양분이 부족한 '텅 빈 고칼로리' 식단에 금세 길들었다. 그들의 비만은 가난을 먹고 자랐다. 반면에 선진국 대열에 합류한 우리나라 사람들의 비만은 피로를 먹고 자란다.

슈퍼 사이즈 칠드런

화학 첨가물이 들어간 가공식품을 먹으면 같은 양의 자연식품을 먹을 때보다 500킬로칼로리 이상을 더 섭취하게 된다고 한다. 단백질 함량은 대체로 비슷하지만 가공식품 쪽이 지방과 당을 더 많이 함유하고 있다. 다큐멘터리 〈슈퍼 사이즈 미〉를 만든 감독 모건 스펄록은 한 달간 맥도날드의 세트 메뉴만 먹으면서 신체에 일어난 변화를 기록했다. 평소 채식 위주의 건강한 식사를 해온 스펄록은 30일 만에 11킬로그램 이상 몸무게가 늘었고 우울증, 성기능 장애, 간 질환 등을 진단받았다.

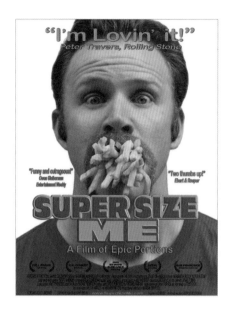

〈슈퍼 사이즈 미〉는 한 달 동안 하루 세끼를 맥도날드 세트 메뉴만 먹었을 때 몸과 정신에 어떤 변화가 일어나는지 기록한 다큐멘터리다. 때로는 하루 섭취 열량이 5000킬로칼로리를 넘기기도 했다. 30일 만에 11킬로그램 늘어난 몸무게를 원래대로 되돌리기까지 무려 14개월이 걸렸다.

    물론 가공식품 중에는 절임이나 발효, 저온살균 등 전통적인 방식으로 음식의 맛과 풍미를 더한 것도 있다. 특히 김치나 요구르트처럼 예로부터 전해 내려온 가공식품은 오히려 건강에 유익하다. 문제는 곡물이나 고기, 생선 등에 보존제나 유화제, 착색제 및 각종 화학조미료를 첨가하고 기계식으로 살균 처리, 냉동, 진공 포장한 초가공식품이다. 주변에서 흔히 접할 수 있는 과자, 아이스크림, 소스, 시리얼, 탄산음료, 소시지 등이 모두 초가공식품에 속한다.

    이렇게 맛과 향, 색까지 맛깔나게 가공된 식품은 우리로 하여금 필요한 양보다 더 많은 음식을 섭취하게 만든다. 원래 인간의 소화기관은 섬유질이 많은 음식을 조몰락거리며 천천히 분해해 필요한 영양소를 흡수하고 나머지는 배설하도록 설계되었다. 그러나 오늘날 우리가 섭취하는 정제된 당과 지방은 소화에 오랜 시간이 걸리지 않아 지체 없이 흡수되고 서둘러 지방으로 축적된다. 이처럼 급격한 식생활의 전환을 겪으면 병이 생기기 마련이다.

식품의약품안전처는 초가공식품으로 섭취한 포도당이나 과당이 전체 에너지 섭취량의 10퍼센트 이상이면 비만 발생률은 39퍼센트, 당뇨 발생률은 41퍼센트, 고혈압 발생률은 66퍼센트 증가한다고 발표했다. 파리대 연구팀이 5년간 10만 명의 프랑스 성인을 추적 조사한 결과 초가공식품을 많이 섭취할수록 심혈관 질환에 걸릴 가능성이 최대 23퍼센트까지 증가한다는 보고도 있었다. 단지 초가공식품을 많이 먹기만 해도 기대수명보다 일찍 죽을 확률이 62퍼센트까지 상승한다. 사실상 스펄록은 목숨을 걸고 〈슈퍼 사이즈 미〉를 만든 것이나 다름없다.

우리나라 사람들은 하루에 먹는 음식의 70퍼센트를 초가공식품으로 섭취하고 있다. 전자레인지로 즉석 피자를 데우는 데에는 3분밖에 걸리지 않지만 섬유질이 풍부한 현미밥을 지으려면 현미를 불리는 데만도 몇 시간이 걸린다. 1인 가구나 맞벌이 부부가 늘면서 바쁘고 피곤한 와중에 끼니를 챙기려다 보니 편리하고 저장성도 높은 가공식품을 선호하게 된 것은 어찌 보면 당연한 일이다. 하지만 이런 음식이 아이들에게 미치는 영향은 생각보다 더 치명적이다.

환상적인 맛과 군침 도는 비주얼. 그에 한참 못 미치는 영양.
초가공식품은 우리 몸에 무슨 짓을 하는 걸까?

전 세계적으로 아동 비만율은 모두의 예상을 뛰어넘는 속도로 증가하고 있다. 세계보건기구가 조사한 바에 따르면 2019년 5세 이하 아동 가운데 과체중 이상 판정을 받은 아이들의 수는 4000만 명에 달했다. 1980년대 미국의 비만 아동은 전체의 5.5퍼센트에 불과했는데, 2018년에는 5세 이하 아동 중에서 과체중 이상인 아동이 전체의 26퍼센트를 차지하고 16~19세 청소년의 경우에는 무려 40퍼센트가 과체중 이상에 해당한다는 조사 결과가 발표되었다. 2000년대 초반까지만 해도 나이가 많을수록 비만율이 높아지는 경향이 있었는데 이제는 그러한 현상이 역전된 것이다.

소아 비만의 증가는 성인 비만에 비해 더 광범위하고 복합적인 문제를 일으킨다. 먼저 소아 비만은 개인의 평생에 걸쳐 영향을 미친다. 특히 5세 이하의 비만 아동 가운데 60~70퍼센트는 성인이 되면 고도 비만으로 발전한다. 성인이 된 후 살이 찌면 원래 있던 지방세포의 크기가 커지는 데 반해, 소아 비만은 더 많은 지방세포를 생성해 이를 평생 유지하게 만든다. 지방세포의 수가 많아지면 다이어트를 해도 효과를 보기 어렵고 다시 살이 찌기도 쉽다. 어릴 때부터 잘못된 식습관과 생활 방식에 길든 채로 자라면 고칼로리 음식을 탐하는 게 습관이 되고, 수적으로 늘어난 지방세포가 빠르게 부풀어 오르면서 고도 비만으로 이어지게 된다.

게다가 비만 아동의 경우에는 20대 이전에 2형 당뇨병이나 고혈압, 고지혈증, 지방간과 같은 성인병을 비롯해 대사증후군이 발병할 확률이 40퍼센트 이상 상승한다. 이들 질환은 완치가 어려워 한번 진단을 받으면 평생 약을 먹는 등 꾸준히 치료를 받아야 한다. 그뿐만 아니라 사춘기 이전에 2차 성징이 나타나는 성조숙증을 겪기도 하고 반대로 성장호르몬이 결핍되어 키나 근육량, 운동 능력이 정상적으로 발달하지 않기도 한다. 우울증이나 자존감 하락으로 정서장애를 겪거나 또래 관계에 어려움을 겪는 등 사회성 발달에도 악영향을 미친다.

세 살 비만은 한 사람의 건강을 총체적으로 위협하고 아예 기대수명 자체를 낮춰 여든까지 가는 길을 막아버린다. 전 세계 60만 명의 허리둘레 측정 기록과 평균수명을 비교한 조사 결과에 따르면 건강한 사람이라도 허리둘레가 굵으면 수명이 짧아진다고 한다. 설령 기대수명이 단축되지 않는다고 하더라도 건강하게 살 수 있는 시간은 착실하게 줄어든다.

이 아이들이 인류 역사상 부모 세대보다 수명이 짧은
최초의 세대가 될지도 모른다.

비만을 부르는 호르몬

비만과 당뇨의 악순환

허리둘레가 늘어나거나 체질량지수가 높아지면 제일 먼저 찾아오는 불청객이 당뇨병이다. 당뇨병은 쉽게 말해 혈중 포도당 농도를 조절하는 호르몬인 인슐린이 췌장에서 원활히 분비되지 않음으로써 발생하는 질환이다. 우리가 주식으로 먹는 쌀과 밀가루는 체내에서 포도당으로 분해된다. 포도당은 뇌, 심장, 근육세포의 에너지원이기에 포도당을 효율적으로 사용하고 여분의 포도당을 잘 저장하는 것은 인체의 최우선 과제 가운데 하나다. 또한 혈중 포도당(혈당) 농도가 높아지면 부작용이 일어나므로 뇌와 췌장은 인슐린의 분비량을 조율해가며 혈당 농도를 일정하게 유지한다.

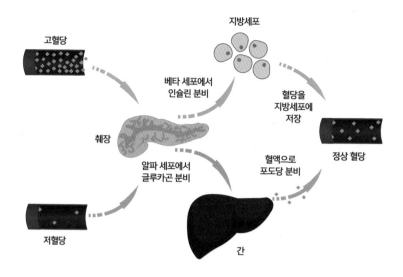

고혈당

지방세포

베타 세포에서
인슐린 분비

혈당을
지방세포에
저장

췌장

정상 혈당

알파 세포에서
글루카곤 분비

혈액으로
포도당 분비

저혈당

간

췌장에서 생성되는 호르몬인 인슐린과 글루카곤은 서로 반대
로 작용하며 체내의 혈당 농도를 조절한다. 인슐린은 혈당을
지방세포에 저장해서 혈당 수치를 떨어뜨린다. 반대로 글루카
곤은 간에 저장된 글리코겐을 포도당으로 분해해 혈액으로 내
보냄으로써 혈당 수치를 끌어올린다.

　　인슐린은 혈당을 지방세포에 저장하는 데 핵심적인 역할을
한다. 혈액에 분비된 인슐린은 5~15분이 경과하면 분해되기 때
문에 혈당이 올라가는 즉시 췌장은 인슐린을 생산해 보충한다.
이때 췌장에 문제가 생겨 인슐린을 분비하지 못하는 경우가 1형
당뇨병에 해당하며 어릴 때 발병하는 경우가 많아 소아 당뇨병
이라고도 부른다.

인슐린은 호르몬이기 때문에 양 조절이 중요하다. 혈당 수치가 높으면 우리 몸은 서서히 망가져가지만, 인슐린 과다 투여로 저혈당 쇼크가 일어나면 즉시 사망할 수도 있다. 영화 〈메멘토〉의 주인공은 단기기억상실증으로 10분 이내의 상황밖에 기억하지 못한다. 당뇨병을 앓고 있는 그의 아내는 인슐린 주사를 맞아야 하는데, 마지막으로 투여한 시각을 정확하게 기억하지 못하는 주인공이 아내에게 인슐린을 과다 투여하는 대목이 나온다.

전체 당뇨병의 90퍼센트를 차지하는 2형 당뇨병은 주로 성인에게 발생한다. 인슐린의 분비는 이루어지지만 과도하게 부푼 지방세포들이 인슐린에 둔감해지면서 인슐린 저항성이 생겨나 제때 포도당을 저장하지 못하게 된다. 인슐린 저항성 때문에 혈중 포도당 수치가 높게 유지되면 췌장은 쉴 새 없이 인슐린을 분비하며 과로에 시달리다가 끝내 망가지고 만다. 2형 당뇨병의 주요 원인은 내장 비만으로, 식습관과 생활 습관에 기인하는 대표적인 불일치 질환이다.

혈당 농도가 상승하면 수시로 소변이 마렵고 갈증이 심해진다. 허기를 자주 느껴 먹는 양이 늘지만 지방 저장률이 둔화되어 체중은 빠진다. 시야가 흐려지거나 미각을 상실하게 되기도 한다. 2형 당뇨병 증상은 지방세포의 인슐린 저항성이 주요 원인이지만, 음식을 먹고 혈당을 소비하고 저장하는 과정에서 발생하는 대사의 악순환 때문에도 나타난다.

1형 당뇨병 환자는 췌장에서 인슐린이 생성되지 않기 때문에 수시로 혈당 수치를 확인하고 하루 4회 이상 주사로 인슐린을 직접 투여해야 한다. 가장 확실한 치료 방법은 췌장을 이식받는 것이지만 실제로 이식수술이 이루어지는 사례는 10퍼센트에 불과하다. 2형 당뇨병 환자는 약물로 혈당 수치를 조절할 수 있으나 췌장이 손상되고 나면 1형과 마찬가지로 인슐린 주사를 맞아야 한다.

여기서 끝이 아니다. 우리 몸은 다양한 호르몬과 신경전달물질이 상호작용하며 에너지를 효율적으로 관리하고 항상성을 유지함으로써 정상적으로 작동한다. 인슐린이 제 기능을 다하지 못하면 그로 인해 나머지 시스템에도 균열이 생긴다. 특히 당뇨병 환자 중에는 인슐린의 과다 분비 때문에 주체할 수 없는 식탐과 과잉 섭식에 시달리다가 비만에 이르는 사람들이 많다. 시작은 잘못된 식습관과 생활 방식에서 비롯되지만 나중에는 바로잡고 싶어도 뜻대로 되지 않는다. 시상하부에서 관장하는 식습관 조절 시스템이 무너져버리기 때문이다.

음식을 먹는 행동은 호르몬의 조절을 받는다. 인슐린은 지방세포에 에너지를 저장하는 호르몬이고 렙틴은 식욕을 억제하는 포만감 호르몬이다. 음식을 먹고 인슐린이 포도당을 지방에

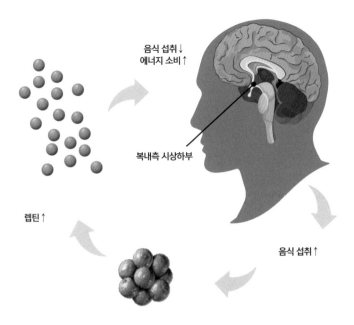

음식 섭취↓
에너지 소비↑

복내측 시상하부

렙틴↑

음식 섭취↑

1995년 유전학자 제프리 프리드먼은 지방세포에서 생산되는 렙틴의 존재를 최초로 확인했다. 당시만 해도 호르몬은 전용 분비샘에서만 생산되는 줄 알았으나 이후 우리 몸 곳곳에서 호르몬을 생성한다는 사실이 밝혀졌다. 렙틴은 복내측 시상하부에 있는 포만 중추를 자극해 음식 섭취를 줄이도록 만든다. 렙틴이 떨어지면 배고픔 중추가 식탐을 발동한다.

축적하면 지방세포에서 렙틴이 분비된다. 렙틴이 복내측 시상하부의 포만 중추를 자극하면 우리는 양껏 먹었다는 느낌을 받게 되며 먹는 행위를 중단하고 에너지 소비를 늘리려 한다.

이때 렙틴이 보내오는 포만감 신호가 뇌에 정상적으로 전달되지 않으면 우리 몸은 끊임없이 배고픔을 느끼게 된다. 렙틴이 분비되어도 포만감을 느끼지 못하는 것을 렙틴 저항성이라고 한다. 렙틴 저항성은 폭발적으로 성장하는 시기의 청소년이나 임산부에게 꼭 필요한 생리적 기능이다. 이들은 1인분 이상의 에너지를 섭취해야 할 필요가 있기 때문이다. 렙틴 저항성이 생기면 우리는 밥을 먹고도 허기를 느낀다.

체지방량이 많을수록 렙틴 분비량이 늘어나는 경향을 보이지만 동시에 과도한 지방 때문에 렙틴 저항성이 생기기도 한다. 렙틴 저항성은 극도의 비만으로 이어지게 마련이고 2형 당뇨병도 유발한다. 렙틴은 인슐린의 분비를 억제하는 효소 분비에 관여하기에 인슐린 저항성과도 상관관계가 있는 것으로 밝혀졌다.

현대인의 인슐린 분비량은 수십 년 전과 비교했을 때 두 배이상 높다. 인슐린 분비가 늘어나면 지방 분해가 이루어지지 않아 렙틴 저항성이 증가할 수 있다. 인슐린과 렙틴이 물고 물리며 비만과 당뇨의 악순환을 가져오는 시나리오다.

만성 스트레스와 뱃살

오래전 우리 선조들은 사방이 위험으로 둘러싸인 환경에서 늘 스트레스를 받으며 살았다. 선조들에게 스트레스는 사실 그리 나쁘기만 한 것은 아니었다. 위협적인 상황에서 신

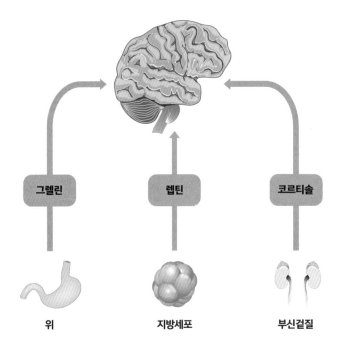

그렐린	렙틴	코르티솔
위	지방세포	부신겉질

우리가 배고픔과 포만감을 느끼고 먹는 양을 조절하는 것은 식욕을 늘리는 호르몬인 그렐린과 식욕을 억제하는 렙틴, 허기를 느끼게 하는 코르티솔 등이 복잡하게 상호작용하며 빚어낸 결과다. 그러나 렙틴, 코르티솔, 그렐린과 같은 호르몬은 비교적 최근에 발견되었고, 호르몬은 작용하는 부위에 따라 다양한 역할을 하기 때문에 그 메커니즘을 딱 잘라 설명하기가 어렵다. 또한 아주 약간만 모자라더라도 과부족 증상을 일으키기 때문에 섣불리 조작할 수 없다.

경을 곤두세우고 있다가 여차하면 빠르게 에너지를 꺼내 쓰도록 해주는 것이 인간의 스트레스 체계다. 사람이 스트레스를 받으면 부신겉질에서 코르티솔이 분비된다. 코르티솔은 심박 수와 혈압을 상승시키고 지방세포에 저장된 에너지를 끌어내는 역할을 한다. 그러다 보면 자연히 배도 고파진다. 스트레스를 받으면 먹는 걸로 푼다는 말이 선조들에게는 딱 들어맞는 표현이었지만, 물질적 풍요 속에서 사는 현대인에게는 이제 위험하기 짝이 없는 이야기가 되었다.

바쁘게 생활하는 현대인은 다양한 스트레스에 노출된 채 만성 스트레스 상태로 살아간다. 늘 크고 작은 스트레스를 받다 보니 수시로 코르티솔이 분비되고, 이에 우리는 고당분 음식을 탐하며 과식과 폭식을 일삼는다. 코르티솔이 혈당을 증가시키면 인슐린 분비가 늘어나 복부에 더 많은 지방을 저장하는데, 나이가 들수록 인슐린과 코르티솔의 분비량이 증가하기에 이 환상의 콤비가 합작해 찌운 뱃살은 포동포동 불어만 간다.

스트레스가 낳는 또 다른 문제로 수면 장애가 있다. 잠이 부족하면 코르티솔 수치가 오르는 것과 동시에 공복감을 느끼게 하는 그렐린의 분비가 촉진된다. 그렐린은 달고 짜고 매운 고칼로리의 야식을 부른다.

잠도 오지 않는 늦은 밤, 갓 튀겨내 바삭한 치킨과 콜라를 늘어놓고 소파에 반쯤 기대어 재미있는 영화를 감상하며 행복해하는 사람들이 있다. 한 주 동안 고생한 몸과 마음의 피로가 절로 풀리는 느낌이 든다. 그런데 이 기름지고 자극적인 보상이 우리 몸을 얼마나 망가뜨리는지 알고도 이를 계속 취하고 싶을까?

숙면을 유도하는 멜라토닌 분비는 밤 11시부터 새벽 2시 사이에 가장
활성화된다. 11시 이전에 취침해서 7시간 정도 자는 편이 건강에는 가
장 좋다. 잠이 부족하면 포만감을 느끼게 하는 렙틴은 적게 생산되고
공복감을 느끼게 하는 그렐린은 과잉 생산된다.

음식 중독

인간은 몸의 항상성을 유지하기 위해서 음식을 먹지만 단순히 먹는다는 행위가 주는 즐거움 때문에 음식을 먹기도 한다. 수렵채집인으로 살던 시절 우리는 소화도 잘되고 칼로리 흡수율도 높고 맛도 좋은 '단것'을 입안에 머금으면 머리끝부터 발끝까지가 짜릿해지는 정서적 메커니즘을 습득했다. 기름진 음식도 마찬가지다. 적은 양으로도 많은 에너지를 얻을 수 있으니 기름기 많은 음식을 먹고 기분이 좋아지는 것은 생존에 반드시 필요한 본능 가운데 하나였다. 이처럼 수렵채집인으로서 우리의 뇌는 달고 기름진 음식을 열렬히 추구하도록 유도하는 특별한 쾌락과 보상의 체계를 가지고 있다.

급성 스트레스는 우리로 하여금 빠르게 에너지를 보충할 수 있는 고당분 음식을 원하게 만든다. 이때 적당량의 음식을 섭취하면 코르티솔 분비가 줄어들어 에너지 균형을 회복할 수 있다. 특히 당 흡수가 빠른 아이스크림이나 초콜릿을 먹으면 금세 어느 정도 스트레스를 가라앉힐 수 있다. 하지만 이런 행동을 반복하다 보면 스트레스보다 더 위험한 음식 중독에 빠지게 된다. 음식 중독에 빠지면 배고픔을 채우기 위해서가 아니라 정신적인 쾌감을 느끼기 위해 끊임없이 음식을 탐하고 과식과 폭식을 반복한다.

세계보건기구에서는 음식 중독을 진단하는 여섯 가지 기준을 발표한 바 있다. 첫째, 음식을 먹고자 하는 강렬한 욕구를 느낀다. 둘째, 음식을 먹기 시작하면 통제가 안 된다. 그만 먹어야 할 때에도 멈추지 못한다는 뜻이다. 셋째, 과도한 음식 섭취를 중단하면 육체적, 정신적 금단 증상을 겪는다. 넷째, 몸에 해롭다는 것을 알면서도 지속적으로 과식과 폭식을 반복한다. 다섯째, 내성이 생기는 탓에 전과 동일한 쾌감을 얻기 위해서는 더 많은 음식을 먹어야 한다. 여섯째, 사회 활동에 제약이 생길 정도로 먹는 행위의 우선순위가 높고 그로 인해 심각한 손해를 입을 가능성이 있더라도 식탐을 멈추지 못한다.

음식 중독과 밀접한 관련이 있는 것이 바로 행복 호르몬이라고 알려진 세로토닌이다. 이는 뇌의 시상하부 중추를 자극하는 신경전달물질로 혈소판이나 간세포, 지방세포 등에서 합성된다. 세로토닌을 합성하려면 필수아미노산인 트립토판이 꼭 필요한데 트립토판은 동물성 단백질과 곡물 등을 통해서만 확보할 수 있다. 즉, 세로토닌은 음식을 먹어야만 생성되는 호르몬이다.

건강한 사람의 경우에는 적당히 음식을 먹고 포만감을 느끼면 뇌의 중추에서 세로토닌이 분비되어 자연스럽게 식욕이 줄어든다. 하지만 심한 스트레스를 받으면 충분히 음식을 섭취하고도 세로토닌이 정상적으로 분비되지 않아 과식을 유발할 수 있다. 또한 잦은 다이어트나 폭식으로 세로토닌 수용체의 민감성이 떨어지면 더 많은 음식을 먹음으로써 더 많은 세로토닌

아무리 먹어도 배가 고프다면 지금 당신은 음식 중독에 빠진 것이다.
음식 중독은 치료가 가능한 질병이다.

을 생성해 행복감을 느끼고자 점점 더 음식에 집착하게 된다.

또한 쾌락과 보상의 핵심 호르몬인 도파민도 음식 중독과 관련이 있다. 도파민은 시상하부에서 분비되는 신경전달물질로 특정 자극에 대해 강력한 보상을 제공함으로써 해당 행위를 반복하게 만든다. 사람이 공부와 일과 사회생활을 열심히 할 수 있는 것은 도파민 덕분이고, 마약이나 도박에 중독되는 것은 도파민 탓이다. 음식을 먹으며 쾌감을 느끼는 과정에서 도파민이 맡은 역할 또한 크다.

음식 중독은 다이어트를 위해 잦은 금식을 하거나 불규칙적으로 식사를 하는 사람들에게서 주로 나타난다. 음식 섭취가 부족한 상태로 지내는 시간이 길어지면 쾌락 중추에서 도파민 기반의 쾌락 보상 회로를 강화한다. 특히 현대인이 선호하는 달고 짜고 기름진 가공식품이나 패스트푸드는 한 입만 먹어도 큰 자극과 쾌감을 주기 때문에 중독을 유발하는 성향이 높다. 수렵 채집인의 뇌는 이를 절대로 놓치지 않고 쾌락 보상 회로를 가동한다.

초가공식품과 같은 자극적인 음식을 주기적으로 섭취하면 점차 쾌감은 줄어들고 갈망은 더 커지는 음식 중독에 빠져든다. 도박이나 마약 등 도파민이 관련된 여러 중독 현상이 대체로 그렇듯이 음식 중독 또한 빠르게 내성이 증가하고 금단 증상이 심각하다. 충동적인 폭식 후에 갈망을 억누르다가 다시 충동적인 폭식에 빠져들고 마는 굴레에 갇힐 수도 있다.

먹는 행위로 스트레스를 푸는 것은 위험한 선택이다. 만성 스트레스와 다량의 코르티솔과 세로토닌과 도파민이 만들어낸 채워지지 않는 쾌락 보상 회로에 갇힌 채 매 순간 마지막이라는 절박한 마음으로 살을 빼고자 하는 사람들에게는 다른 활로가 필요하다.

다이어트의 과학

살 빠지는 지방

비만과 다이어트를 호르몬의 관점에서 바라보면 굶는 다이어트가 결국 실패할 수밖에 없다는 사실을 이해할 수 있다. 어렵사리 견딘 굶주림의 시간이 부메랑이 되어 더 큰 쾌락 추구와 음식 중독으로 돌아온다. 잦은 허기를 겪다 보면 인슐린 또한 절약 정신이 투철해져 한 차례의 과식이나 폭식만으로도 많은 양의 칼로리를 지방에 저장하게 된다.

그런데 음식을 마음껏 먹어도 살이 찌기는커녕 오히려 빠지는 길이 있다면 어떻게 될까? 말 그대로 세상이 발칵 뒤집히지 않을까? 그런 비책이 실제로 있다. 우리 몸, 그것도 비만의 원인으로 지목되는 지방세포 속에 숨어 있다.

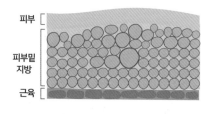

피부

피부밑
지방

근육

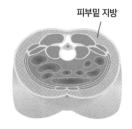

피부밑 지방

피부밑 지방 비만

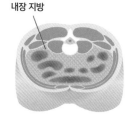

내장 지방

내장 지방 비만

내장 지방은 복부에 있는 장기 주변에 축적된 지방이고, 피부밑 지방은 전신의 피부와 근육 사이에 있는 지방이다. 복부에 쌓인 내장 지방은 직접적으로 뱃살을 늘리는 결과를 낳는다. 체질량지수가 동일하더라도 전신 비만보다 복부 비만 쪽이 건강에 더 해롭다.

　　살 빠지는 지방세포의 존재를 처음 발견한 사람은 16세기 스위스의 박물학자 콘라트 게스너였다. 게스너는 쥐와 같은 소형 포유류의 몸에서 백색 지방조직과는 색깔이 다른 갈색 지방조직을 발견했다. 당시는 아직 세포라는 개념조차 등장하기 전이었으나 이후 갈색 지방조직이 지방과 당을 태워 열을 내 소형 포유류의 체온을 유지해주는 역할을 한다는 것이 밝혀졌다. 그런 갈색 지방이 사람에게도 존재한다는 사실이 알려지자 많은 연구자들이 이를 통해 비만을 치료하는 해법을 찾으려 했다.

백색 지방세포

백색 지방조직(좌)과 백색 지방세포(우). 우리 몸에 있는 지방
조직의 대부분을 구성하는 백색 지방세포는 200배까지 커질
수 있는 한 덩어리의 지방 방울에 에너지를 저장한다.

백색 지방세포는 인체의 피부 아래나 근육, 복부 내장 기관
등에 분포해 있다. 체온을 유지하며 외부 충격에서 장기를 보호
하고 에너지를 저장하는 역할을 한다. 백색 지방은 핵과 미토콘
드리아, 지방 방울로 이루어져 있으며, 덩어리로 뭉쳐 있는 지방
방울은 최대 200배까지 부풀어 오를 수 있다. 성인이 되기 전까
지는 지방을 축적하기 위해 세포의 수도 늘고 크기도 커지지만
성인이 된 후에는 세포의 수는 늘지 않고 크기만 커진다.

에너지 저장에 특화된 백색 지방은 복부에 쌓여 내장 지방
을 이룬다. 내장 지방세포는 호르몬에 더 민감하고 염증 유발 신
호 물질을 다량으로 분비하기 때문에 대사성 질환을 일으킬 수
있다. 또한 지방산을 내보내 지방간을 유발하거나 혈관 벽에 쌓
여 동맥경화증의 원인이 되기도 한다.

반면에 갈색 지방은 핵과 미토콘드리아, 그리고 작은 조각들로 흩어져 있는 지방 방울로 이루어져 있다. 세포에 담을 수 있는 지방의 양이 적은 대신 백색 지방보다 훨씬 많은 미토콘드리아를 보유하고 있다. 미토콘드리아에는 다량의 철 성분이 함유되어 있어서 산소와 결합하면 적갈색 또는 갈색을 띤다. 갈색 지방이라는 이름이 붙은 것은 이 때문이다.

갈색 지방은 주로 목이나 쇄골, 겨드랑이, 등뼈 주변에 분포해 있다. 아기 때는 많다가 성인이 되면 점차 줄어든다. 스스로 몸을 움직이기가 힘든 아기들은 추위를 이겨내는 데 어려움을 겪는데, 이때 갈색 지방이 마치 난로처럼 지방을 태워 열을 낸다.

원래 미토콘드리아의 핵심 기능은 음식으로 섭취한 영양소를 세포가 사용할 수 있는 에너지^{ATP}로 전환하는 것이다. 백색 지방세포에 들어 있는 미토콘드리아는 ATP를 생성해 세포가 지방을 축적할 수 있도록 돕는 역할을 한다. 하지만 갈색 지방에서는 체온을 조절하는 단백질^{UCP1}이 미토콘드리아가 ATP 생성을 억제하고 열에너지를 방출해 체온을 조절하도록 만든다. 즉, 미토콘드리아가 지방을 태워 열로 방출시키면서 직접 에너지를 소비하도록 유도하는 것이다. 이를 미토콘드리아 언커플링^{uncoupling} 반응이라고 한다.

체온 유지를 막중대사로 여기는 설치류는 성체의 경우에도 다량의 갈색 지방을 가지고 있다. 또한 북극권에 사는 동물들은 혹한으로부터 체온을 지키기 위해 갈색 지방을 체내 발열 기관

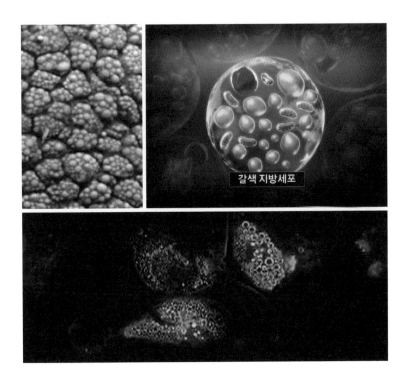

갈색 지방조직(위, 좌)과 갈색 지방세포(위, 우), 전자현미경으로 찍은 갈색 지방조직(아래). 여러 개의 지방 방울로 이루어진 갈색 지방세포는 미토콘드리아 언커플링으로 지방을 태워 열을 낸다.

으로 사용한다. 겨울잠에 들기 전에 곰은 체온을 유지하고자 체지방을 30퍼센트가량 늘리는데, 이때 늘어나는 지방 가운데 상당량이 갈색 지방이다. 한편 인간의 경우에는 신생아일 때 체중의 5퍼센트를 차지하는 갈색 지방이 나이가 들면 빠르게 퇴화해 사라지는 것으로 알려져 있었다.

그런데 2009년 미국 하버드대 부속 조슬린 당뇨병센터 연구팀이 성인에게도 쇄골, 목, 어깨, 등뼈, 부신 주위에 갈색 지방이 소량 존재한다는 것을 발견했다. 나이가 어리고 혈당 수치가 정상에 가까운 사람에게서 더 많은 갈색 지방이 발견되고, 비만한 사람일수록 갈색 지방의 활성도가 떨어진다는 사실도 확인했다.

비슷한 시기에 서울대 핵의학 연구팀도 대한민국 성인 남녀를 대상으로 갈색 지방의 분포와 에너지 소비량을 측정했다. 그 결과 나이가 많을수록 갈색 지방 보유량이 줄어들고 여성의 경우가 보유량이 더 높다는 사실을 확인할 수 있었다. 마른 체형인 사람은 대부분 갈색 지방을 갖고 있었지만 비만인의 경우에는 갈색 지방이 아예 없는 사람도 많았다.

가장 놀라운 부분은 갈색 지방의 에너지 소비량이었다. 일반 성인이 근육 1그램당 13킬로칼로리의 에너지를 소비하는 데 반해 갈색 지방은 그 450배의 열량을 소비한다. 나이가 들고 살이 찔수록 이런 초고성능의 살 빠지는 자가 발열 장치가 퇴화해 버린다는 사실이 안타까울 따름이다.

만약 인위적으로 갈색 지방을 활성화할 수 있다면 우리는 이따금 추위에 노출되기만 해도 살이 빠지거나 아예 살이 찌지 않는 몸이 될 수 있다. 갈색 지방 40그램이 활성화되면 달리 운동을 하지 않아도 하루 소비 에너지양의 20퍼센트인 400킬로칼로리를 소모할 수 있다.

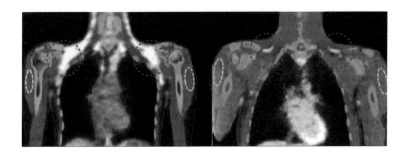

암 진단 장비인 양전자단층촬영기(PET-CT)가 국내에 도입됨에 따라 이를 이용해 갈색 지방이 활성화된 위치에서 에너지가 소모되는 모습을 관찰했다. 갈색 지방은 주로 쇄골, 목, 어깨, 겨드랑이 등에서 발견되고, 여성이 남성의 두 배가량 많은 갈색 지방을 보유하고 있다.

이러한 가능성을 두고 전 세계의 연구자들은 갈색 지방을 활성화하는 메커니즘을 찾고자 노력을 기울였다. 그러던 중 새로운 형태의 지방이 발견되었다는 소식이 전해졌다. 언뜻 보기에 백색 지방과 유사하지만 상황에 따라 갈색 지방처럼 활성화되는 제3의 지방, 베이지색 지방이었다.

2012년 미국 다나-파버 암연구소의 브루스 스피겔먼은 베이지색 지방이 성인의 쇄골 부근에서 척추를 따라 분포해 있는 모습을 관찰했다. 특정 조건하에서는 백색 지방세포가 베이지색을 띤 지방세포로 바뀌는데, 이는 갈색 지방만큼은 아니지만 어느 정도 열을 생성하며 에너지를 소비한다.

추운 지역에 사는 사람들에게서 갈색 지방 또는 베이지색 지방이 더 많이 발견된다는 연구 결과도 나왔다. 우리 몸은 추위

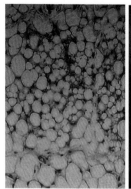

베이지색 지방

베이지색 지방은 백색 지방과 갈색 지방의 역할을 모두 맡아볼 수 있는 멀티플레이어다. 세포의 생김새 역시 상황에 따라 변화한다. 평소에는 백색 지방처럼 커다란 하나의 세포 모양을 이루다가 유전자 발현과 같은 특수한 자극을 받으면 지방 방울이 잘게 쪼개지며 열을 발산한다.

에 노출되면 몸을 떨어 열을 발산하는데 이때 근육이 열량의 일부를 운동에너지로 쓰기 때문에 열효율이 떨어진다. 그러나 갈색 지방과 베이지색 지방은 뇌의 교감신경에서 분비되는 노르에피네프린 호르몬에 자극을 받아 비떨림 방식으로 열을 발산하므로 열효율이 높다.

인체의 에너지 저장 창고이자 비만의 원흉으로 지목되어온 백색 지방이 살 빼는 발열 기관으로 탈바꿈할 수도 있다는 소식에 세계인의 이목이 집중되었다. 도대체 어떤 조건이 갖추어져야 이 기특한 지방세포가 본 모습을 드러낼까?

해법은 근력 운동이었다. 하체 근력 운동을 하면 허벅지 근육에서 운동 호르몬이라고 불리는 아이리신이 분비되는데, 이 호르몬이 백색 지방조직에 숨어 있던 전구세포^{FNDC5}를 활성화해 베이지색 지방으로 바꾼다. 이 밖에도 6~18시간 정도 간헐적 단식을 한 쥐의 몸에서 면역세포가 갈색 지방과 베이지색 지방의 분화를 유도한다는 연구 결과가 보고된 바 있다.

갈색 지방을 공략하다

10년 전 끔찍한 교통사고를 당한 앤토니나는 뇌 손상을 비롯해 다발성 장기 부전으로 몇 년간 병원 신세를 져야 했다. 치료를 위해 처방받은 스테로이드 후유증 때문에 체중이 급속도로 늘었지만 운동을 할 수가 없는 상태였다. 이에 그녀는 -130도 이하의 저온 환경에 신체를 노출하는 냉동요법^{Cryotherapy}을 시도했다.

적당히 추울 때에는 몸을 떨기만 해도 체온을 높일 수 있다. 그러나 3분이라는 짧은 시간 동안 극저온 상태로 체온이 빠르게 떨어지면 뇌는 교감신경계를 활성화하고 스트레스 호르몬 중 하나인 노르에피네프린을 과도하게 분비한다. 노르에피네프린은 갈색 지방을 활성화해 빠르게 열을 생성하도록 만든다. 냉동요법을 통해 앤토니나는 두 달 만에 17킬로그램을 감량했다.

애초에 냉동요법은 류머티즘 환자의 염증을 가라앉히기 위해 개발되었고 스포츠 선수들이 운동 후 근육 피로를 회복하는 방법으로도 많이 활용되었다. 갈색 지방에 대한 관심이 한껏 고조된 2009년 무렵에는 냉동요법이 다량의 칼로리를 한 번에 태워버리는 혁신적인 다이어트 방법으로 대중의 시선을 끌기도 했다. 하지만 의료계에서는 짧은 시간 동안 극단적인 온도차를 경험하면 심장에 큰 무리가 올 수 있다는 점을 우려한다. 특히 심혈관 질환이 있거나 고혈압, 저혈압이 있는 환자에게 냉동요법을 실시하는 것은 매우 위험하다. 체온을 20도 정도로만 내려도 갈색 지방은 충분히 활성화될 수 있으므로 찬물로 샤워를 하거나 시원한 곳에서 운동을 하라는 게 전문가들의 조언이다.

냉동요법은 신체를 약 3분간 극저온 환경에 노출시킨 다음 떨어진 체온을 끌어올리는 과정에서 에너지를 빠르게 소모하도록 유도한다. 액체질소를 냉매로 사용해 -130도 이하의 극저온 환경을 만들어내는 캡슐을 이용한다.

최근에는 국내의 한 연구팀이 천연 물질을 활용해 백색 지방세포를 갈색 지방으로 전환시켰다는 소식이 전해졌다. 경기과학기술진흥원 천연물연구팀은 옻나무 추출물에서 찾아낸 부테인에 주목했다. 백색 지방세포에 부테인 처리를 하면 갈색 지방의 전사인자PRDM4를 활성화해 베이지색 지방 또는 갈색 지방으로 세포를 리모델링할 수 있다. 이 과정에서 미토콘드리아 수가 늘어나고 체온을 조절하는 UCP1 단백질이 발현되어 지방 빙울을 태우고 쪼개면서 열을 내고 에너지를 소모한다. 아직 갈 길이 멀긴 하지만 PRDM4라는 전사인자를 통해 갈색 지방 유도 메커니즘을 규명한 것은 의미 있는 성과이다.

여러 가지 연구가 진행되는 가운데, 세로토닌을 합성하는 유전자를 억제해 비만을 치료하려는 시도도 이루어졌다. 카이스트 의과학대학원 교수 김하일은 지방세포에서 합성된 세로토닌이 백색 지방세포에서는 에너지 저장을 촉진하고 갈색 지방세포에서는 에너지 소모를 억제한다는 사실에 주목했다. 연구진은 필수아미노산 트립토판과 지방세포에 있는 트립토판수산화효소TPH가 결합해 세로토닌을 합성하는 과정에서 TPH 억제제를 주입하면 합성되는 세로토닌의 양이 줄고 백색 지방의 저장성이 떨어지는 것을 확인했다. 이렇게 해서 갈색 지방이 활성화된 개체군은 체중이 무려 15~20퍼센트가량 감소하는 모습을 보였다. 세로토닌의 합성을 줄이는 방식은 약물로 부교감신경을 자극하는 것과 달리 부작용도 없고 안전하다.

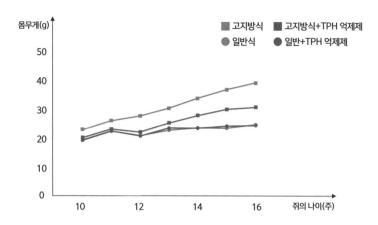

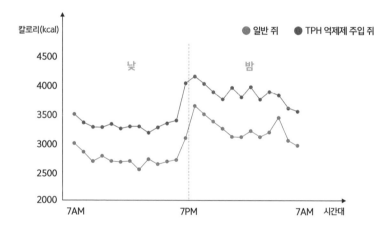

동물실험 결과에 따르면 TPH 억제제를 주입한 개체군은 고지
방식을 섭취해도 체중 변화가 크지 않았다. 백색 지방의 저장성
이 줄어들고 에너지 소모량이 늘어났기 때문이다. TPH 억제제
주입의 효과는 특히 낮보다 밤에 더 두드러졌다.

갈색 지방을 이용한 비만 치료는 아직까지 뚜렷한 결실을 내놓지 못했지만 전망은 그리 나쁘지 않다. 우리 몸에는 갈색 지방이 당초에 예상했던 것보다 세 배 이상 많다고 한다. 백색 지방이 갈색 지방이나 베이지색 지방으로 바뀌는 메커니즘도 잇따라 밝혀지고 있다. 머지않아 천연 성분으로 이루어진 갈색 지방 활성제나 베이지색 지방 발현제가 시판되고 마음껏 음식을 먹어도 살찌지 않는 세상이 올 수도 있다.

운동을 해야 하는 진짜 이유

남태평양의 섬나라 나우루공화국은 아메리칸사모아에 이어 세계에서 두 번째로 비만율이 높은 나라다. 인구가 1만 명밖에 되지 않는 나우루공화국은 자연이 선물한 희귀 자원인 인광석 덕분에 1980년대 들어 세계에서 가장 잘사는 나라가 되었다. 정부는 주택과 의료, 교육을 전면 무상으로 제공하고 국민들의 생활비까지 두둑이 챙겨주었다. 넘쳐나는 돈으로 양껏 먹고 뒹굴뒹굴하던 나우루 사람들은 점점 살이 올랐고, 얼마 지나지 않아 세계에서 가장 뚱뚱한 국민 목록에 이름을 올리게 되었다. 2021년 세계 인구통계 조사 결과에 따르면 나우루 국민의 평균 BMI는 32.5로 지구에서 가장 높으며 성인 인구의 61퍼센트가 비만에 해당한다.

세계에서 세 번째로 작은 나라 나우루는 1980년대에 자연이
점지한 지상낙원이었다. 하지만 이제는 국민의 90퍼센트가 실
업 상태인 비만과 당뇨병의 천국이 되었다.

2003년 무렵 인광석이 바닥을 드러내자 나우루는 화려한
시절을 그리워해야 하는 처지가 되었다. 세계에서 제일 잘사는
나라에서 최빈국으로 추락하는 데 걸린 시간은 고작 30년이었
다. 비대해진 몸집으로는 농사를 짓거나 물고기를 잡는 일조차
쉽지 않게 마련이다. 기본적인 생활을 위한 노동조차 스스로 할
수 없는 나우루 사람들은 주변국에서 제공하는 원조로 목숨을
이어가고 있다. 먹는 즐거움에 중독된 이곳 사람들은 이제 값싸
고 열량 높은 초가공식품으로 마르지 않는 허기를 채우고 있다.

호주의 영양학자 케린 오데아는 서구식 식단을 접한 이후로 비만, 2형 당뇨병, 고혈압, 고지혈증 등 성인병 증상을 한두 가지 이상 갖게 된 남태평양 섬나라 사람들을 대상으로 특별한 실험을 제안했다. 7주 동안 서구 문명이 유입되기 전과 같은 수렵채집 생활로 돌아가보자는 것이었다. 자발적으로 이 실험에 참여한 사람들은 채 두 달도 안 되는 기간 동안 큰 폭으로 체중을 감량했고 인슐린 저항성도 눈에 띄게 줄어드는 결과를 보였다. 오데아는 식단을 바꾸고 생활 습관을 개선하면 서구식 식단의 도입으로 급격한 영양 전환을 겪은 사람들의 질환을 완화시킬 수 있다고 강조했다.

비만 치료 연구자 중에는 비만을 개선하는 데 운동의 효과가 그리 크지 않다고 말하는 사람들이 꽤 있다. 몸무게가 50킬로그램 나가는 성인의 하루 에너지 소비량을 2000킬로칼로리라고 가정할 때, 이 가운데 20퍼센트인 400킬로칼로리를 운동으로 소모하려면 40분 이상 자전거를 타거나 한 시간 반 이상 열심히 걸어야 한다. 그러나 400킬로칼로리는 햄버거 하나만 먹으면 고스란히 되돌려 받는 양이다. 그러므로 식이요법을 동반하지 않는 운동은 체중 감량에 큰 도움이 되지 않는다.

그나마 체질량지수를 떨어뜨릴 수 있는 운동은 근력 운동이다. 근육은 아무리 좋은 음식을 먹어도 늘어나지 않는다. 오직 운동으로만 키울 수 있다. 근육량이 늘면 기초대사량이 늘고 백색 지방을 베이지색 지방으로 전환하는 단백질도 분비된다. 한

일상생활에서 가장 간단하게 할 수 있는 유산소 운동은 걷기다. 하루 7000보에서 1만 보를 걷기만 해도 효과적이다. 여기에 약간 숨이 찰 만큼 비탈길을 빠르게 오르는 운동을 함께하면 근력을 강화하는 데 도움이 된다.

마디로 우리 몸이 에너지를 가장 효율적으로 소모할 수 있는 상태가 되는 것이다.

군이 살을 빼려는 목적이 아니더라도 만성 스트레스에 시달리는 현대인에게 운동은 꼭 필요하다. 운동은 특히 성인병을 예방하고 제반 증상을 완화하는 데 탁월한 효과가 있다. 어떤 운동이든 상관없이 몸을 움직이고 땀을 흘리고 열을 내는 활동은 스트레스를 감소시킨다. 운동 후 최대 16시간 동안 인슐린 저항성이 줄어든다는 연구 결과도 나와 있다. 2형 당뇨병 초기 진단을 받은 사람들은 무슨 운동이든 꾸준히 하는 게 최고의 치료다.

내가 먹는 것이 나를 만든다

　　체중 조절에 가장 효과적인 방법은 두말할 것도 없이 식단과 식습관 개선이다. 정제 탄수화물과 고설탕, 고나트륨 음식 섭취를 줄여야 한다는 사실은 누구나 잘 알 것이다. 그렇다면 무엇을 먹어야 좋을까? 건강과 식단 분야에 일가견이 있는 전문가들은 하나같이 섬유질이 풍부한 음식을 먹어야 한다고 입을 모아 말한다.

　　섬유질이 우리 몸에 좋은 이유는 여섯 가지나 된다. 첫째, 포도당과 과당이 간에 도달하는 속도를 늦춰 인슐린 분비를 지연시킨다. 둘째, 간에서 콜레스테롤이 만드는 담즙산을 흡착 배출해 콜레스테롤 수치를 낮춘다. 셋째, 식이 섬유가 소장에서 흡수되지 않고 지나가는 동안 포만감을 주는 호르몬PYY의 분비가 늘어나 식욕을 억제한다. 넷째, 소화관에서 탄수화물을 포도당으로 분해하는 속도를 늦춰서 혈당이 지방으로 덜 저장되도록 한다. 다섯째, 유익한 장내 미생물을 증가시키며 변의 양을 늘리고 부드럽게 만들어 변비에 걸릴 걱정을 없애준다. 마지막으로 섬유질은 우리 몸에 흡수가 되지 않기 때문에 먹은 양에 비해 살도 덜 찌는 효과가 있다.

　　그 밖에도 건강한 식단 목록 상위권에 올려놓을 음식들은 얼마든지 있다. 그런데 왜 우리는 이 훌륭한 음식들을 놔두고 초가공식품을 먹으며 몸고생, 마음고생을 사서 하는 걸까? 이유는 간단하다. 더 건강하고 열량이 낮은 음식을 먹기 위해서는 노력과 비용이 들기 때문이다.

섬유질이 풍부한 음식은 대부분 원재료이기 때문에 날것 상태로는 먹기 어려운 경우가 많다. 그러나 신선한 재료의 풍미를 살리는 조리법을 모른다면 요리는커녕 재료를 망쳐놓기 일쑤다. 용케 원재료의 특성을 살려 근사한 한 상을 차려내도 이미 초가공식품의 자극적인 매력에 길들여진 두뇌는 "과연 건강한 맛이로군"이라고 판단하는 게 고작이다. 비싼 값을 지불하고 구입한 신선한 재료는 보관성이 떨어져 며칠만 방치해놓아도 쓰레기통행이다. 이런 일을 한두 번 겪다 보면 자신도 모르게 배달 음식이나 밀키트를 주문하게 된다.

"내가 먹는 것이 나를 만든다"라는 말이 있다. 히포크라테스는 음식으로 치료할 수 없는 병은 의사도 못 고친다고 했다. 음식이 우리 건강에 미치는 영향이 크다는 말은 얼핏 뻔한 이야기처럼 들리지만 사실 우리는 그 말이 정확히 무엇을 의미하는지 잘 알지 못한다. 우리 식탁 위에 오르는 음식들이 어떤 생산 및 유통 과정을 거치는지 알게 된 것도 최근 일이고, 설령 원산지와 유통 과정을 파악했다 해도 어떤 성분이 첨가되었는지를 알아내는 것은 식품 전문가에게도 어려운 일이다.

선택지는 많아 보이지만 선택의 여지는 많지 않다. 식단을 바꾼다는 것은 고강도 근력 운동을 하겠다는 것과 마찬가지로 상당한 노력이 필요한 일이다. 한편 식습관을 바로잡는 것은 건

수용성 식이 섬유는 과일, 채소, 해조류에 많이 포함되어 있고 불용성 식이 섬유는 통곡물이나 견과류에 많이 들어 있다. 원재료 상태로는 보기에도 좋고 요리하는 데에도 별 어려움 없을 듯하지만 이 재료들로 우리의 입맛을 만족시키는 음식을 만들려면 많은 노력이 필요하다.

기 운동을 하는 것과 같다. 우리의 건강을 해치는 식습관들은 무엇이 문제인지를 알고 나면 일상적으로 조금만 주의를 기울여도 개선할 수 있다.

첫째, 과식을 피하자. 몸이 필요로 하는 에너지만큼만 먹으면 족하다. 필요량 이상으로 먹게 되는 원인은 애초에 차린 음식의 양이 많기 때문이다. 상차림의 규모를 줄여보자. 평소보다 작은 크기의 그릇을 사용하는 것도 바람직하다.

둘째, 천천히 먹자. 음식을 먹기 시작한 뒤 뇌가 포만감을 느끼기까지는 최소 20분이 걸린다. 10분도 안 되는 시간 내에 한 끼를 뚝딱 해치우면 자신이 얼마나 먹어야 포만감을 느끼는지 알 수 없게 된다. 20분이라는 식사 시간을 지키면 같은 양을 먹어도 더 배가 부르다.

셋째, 제때 먹자. 속이 비면 공복의 호르몬 그렐린이 분비되고 먹을 것을 찾게 된다. 음식을 먹고 나면 렙틴이 뇌에 포만감 신호를 보낸다. 이 자연스러운 호르몬의 상호작용이 잦은 금식이나 불규칙한 식사로 인해 망가질 수 있다. 두 끼든 세 끼든 정해진 식사 시간을 지키자.

넷째, 해로움을 의식하고 먹자. 무의식적으로 생각나고 자꾸만 손이 가는 음식은 해로울뿐더러 중독을 부른다는 사실을 인지해야 한다. 당장 끊을 수는 없더라도 의식적으로 섭취하는 양을 줄이거나 횟수를 줄여나가자.

살이 찌는 원인은 워낙 다양하기 때문에 단번에 이를 파악하고 뿌리 뽑기 어렵다. 우리가 속한 현대사회에는 비만을 부르는 요인이 너무 많다. 풍요로운 시대에는 적합하지 않은 몸으로 하루하루를 살아가며 사방을 에워싼 맛있는 유혹을 개인의 노력만으로 극복하기란 쉬운 일이 아니다. 그렇기에 더더욱 우리 몸이 무엇을 원하고 어째서 살이 찌는지를 이해하는 것이 중요하다. 몸의 메커니즘을 알면 매 순간 조금씩 다른 선택을 할 수 있다. 그것이 바로 "내가 먹는 것이 나를 만든다"라는 말의 진짜 의미다.

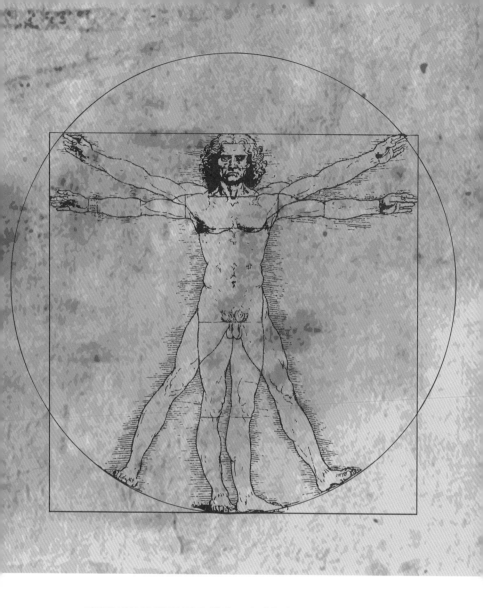

인체가 진화의 산물이라고 해서 모든 적응에 순응하며 살아가야 하는
것은 아니다. 인간의 몸에는 바람직한 설계와 부적절한 설계가 공존하
고 있다. 우리는 그러한 몸의 설계를 이해하는 지적인 존재이므로 스
스로의 본성을 제어하고 더 나은 선택을 할 수 있다.

CHAPTER 4

건강의 열쇠 마이크로바이옴

미생물 인간

미생물 유전체 지도

지구의 역사에서 가장 먼저 등장한 개척자는 미생물이다. 개척이란 생명체가 서식하기에 적합하지 않은 공간을 쓸모 있는 곳으로 만든다는 뜻이다. 갓 태어난 지구의 땅과 바다에는 산소가 없었다. 이후 수억 년 동안 산소를 뿜어내 척박하기 그지없던 지구를 생명이 살 수 있는 장소로 만든 것이 바로 원핵생물인 남세균, 다시 말해 미생물이었다.

모든 생명의 기원에 자리 잡고 있는 남세균부터 오늘날 우리 몸에 살고 있는 미생물에 이르기까지 이들이 없으면 생명의 시스템은 작동할 수 없다. 어쩌면 미생물이 인간에게 기생하는 것이 아니라 인간이 미생물 행성에 기생하고 있다고 해야 할지도 모르겠다. 우리는 미생물 행성에 사는 미생물 인간이다.

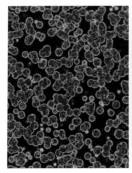

광합성으로 산소를 생성하는 남세균(좌)이 만들어낸 생화학
물질과 퇴적물이 쌓여 형성된 스트로마톨라이트(우)는 지구상
의 생명체가 남긴 가장 오래된 기록을 보여주는 화석이다. 오
스트레일리아 서부 샤크만에 가면 지금 이 순간에도 무럭무럭
자라나고 있는 스트로마톨라이트를 볼 수 있다.

미생물이란 크기가 1~10마이크로미터$^{\mu m}$ 정도로 작아서 우
리 눈에 보이지 않는 생물군을 아우르는 표현이다. 원핵생물인
고균과 세균, 진핵생물인 조류와 균류, 원생동물과 바이러스가
미생물에 포함된다. 이 가운데 우리의 건강에 직접적인 영향을
미치는 세균^{bacteria}과 바이러스^{virus}에 대해서 먼저 살펴본 뒤 인
체 유익한 균류에 대해 알아보도록 하자.

우리 몸에는 세포 수의 서너 배에 이르는 100조 개체 이상
의 미생물이 살고 있다. 대부분 단세포로 이루어져 있음에도 불
구하고 체내 미생물이 차지하는 무게는 체중의 2퍼센트에 이른
다. 미생물 하면 가장 먼저 떠오르는 것은 세균이다. 세균은 단
세포 생물이며 체세포분열로 번식한다. 적당한 조건만 갖춰지

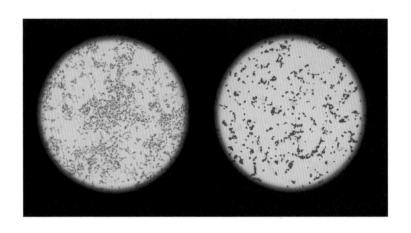

세포벽이 얇은 그람음성균(좌)은 보라색 시약으로 염색을 한
후 에탄올로 세척했을 때 탈색되어 분홍색으로 보인다. 세포벽
이 두꺼운 그람양성균(우)은 세척 후에도 보라색을 유지한다.

면 한두 시간 간격으로 한 번씩 분열하며, 대장균처럼 매 20분마
다 분열하는 개체는 한 마리가 열 시간 만에 10억 마리 이상으로
늘어날 수도 있다.

　　전통적으로 미생물은 세포의 모양이나 배열 또는 생화학
적 특성에 따라 구분되어왔다. 형태에 따라 원 모양의 구균, 막
대 모양의 간균, 휘어진 모양의 비브리오, 꼬여 있는 나선균으로
나뉘고 배열에 따라 단구균, 쌍구균, 연쇄상구균, 포도상구균으
로 분류된다. 또한 모든 세균은 세포벽의 두께에 따라 그람양성
균과 그람음성균으로 나뉜다. 두꺼운 세포벽을 갖고 있는 그람
양성균과 달리 그람음성균은 세포벽이 얇은 대신 외막이 있어
서 독소를 분비하거나 면역 작용을 회피하고 항생제의 영향을

잘 받지 않는 등 감염 치료를 어렵게 만든다. 대장균, 살모넬라균, 비브리오균, 헬리코박터균 등 감염성이 있는 유해균들이 그 람음성균의 대표적인 예이다.

미생물 분류에 유전자 분석 기법이 도입된 것은 1977년의 일이다. 이후 미생물 가운데 세균은 공통적으로 16S rRNA 유전자를 보유하며 이 유전자가 세균의 계통을 파악할 수 있는 분자시계molecular clock라는 사실이 밝혀졌다. 모든 세균이 갖고 있는 공통 유전자의 염기 서열 차이가 분화된 시간에 비례하므로 변이 정도를 통해 세균 간의 연관 관계를 파악할 수 있게 된 것이다. 현재는 세균 분류를 할 때 16S rRNA 유전자의 염기 서열 분석을 가장 많이 활용하고 있다.

2003년 인간의 유전체 지도가 완성된 뒤 연구자들은 우리 몸에 있는 유전자의 종류가 다른 생명체와 비교했을 때 그리 다양하지 않다는 사실을 알고 당혹감을 감추지 못했다. 인간의 유전자는 바나나와 50퍼센트 일치하고 초파리와는 60퍼센트, 개와는 80퍼센트, 침팬지와는 99퍼센트 가까이 일치한다. 유전적 차이는 크지 않지만 인간과 동물의 현주소는 천양지차다. 연구자들은 유전적 유사성을 뛰어넘어 종이나 개체 간 차이를 빚어내는 무언가가 있으리라 직감하고 이를 찾아 나섰다. 그 보이지 않는 무언가가 바나나나 초파리에 비해 훨씬 복잡하게 작동하는 인간의 몸에서 중요한 역할을 맡고 있을지도 모른다고 생각한 것이다.

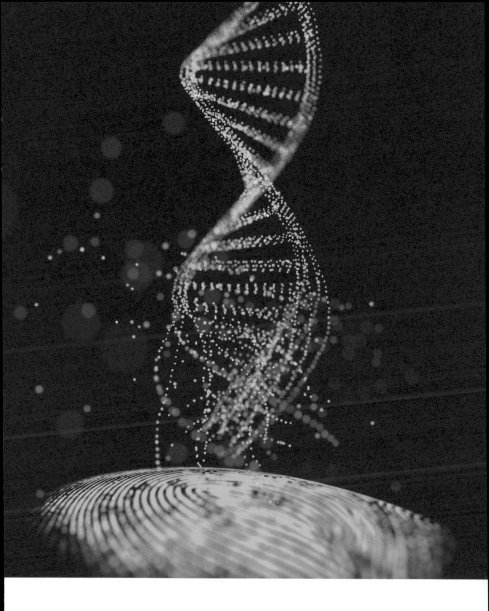

우리 몸에 있는 마이크로바이옴은 사람마다 다른 구성 형태를 띤다. 모든 사람의 지문이 서로 다른 것과 마찬가지다.

2010년대에는 특히 미생물에 대한 관심이 높아졌다. 생화학자 롭 나이트가 이끈 지구 마이크로바이옴 프로젝트의 연구자들은 인체의 미생물 유전체인 마이크로바이옴microbiome 지도를 작성했다. 결과는 예상 밖이었다. 인간의 몸에는 인간 유전자보다 미생물의 유전자가 100배나 더 많이 들어 있었다. 유전자 비율만 놓고 판단하면 인간은 99퍼센트 미생물이나 다름없는 셈이다.

또한 사람들은 인간 유전자 측면에서는 거의 개인차를 보이지 않았지만 몸속 미생물 유전자의 구성 면에서는 크게 다른 모습을 보였다. 인간 유전자의 개인차는 0.1퍼센트 수준이지만 체내 미생물의 유전자는 사람 간에 절반도 일치하지 않았던 것이다. 다소 충격적인 결과를 받아든 과학자들은 인간의 체내에 존재하는 미생물들의 역할을 분석해야 마땅하다고 강조했다.

우리 몸은 입에서부터 항문까지가 하나로 연결되어 있기에 다양한 음식을 통해 외부의 미생물이 체내로 들어왔다가 빠져나갈 수 있는 통로 역할을 한다. 대다수의 미생물은 산소를 싫어하는 혐기성 세균이다. 체내에 들어온 미생물에게 대장이나 소장은 최적의 서식지다. 산소가 없는 데다가 인간이 섭취한 음식물이 통과하는 곳이기 때문이다. 이렇게 해서 우리 몸에 깃든 미생물은 100만 종이 넘지만 100만이라는 숫자에 지레 겁먹거나 두려워할 필요는 없다. 대부분의 미생물은 우리 몸에 직접적인 해를 끼치지 않는다.

인체 내부의 미생물은 끊임없이 세상으로 나가고 외부의 미생물은 체내로 들어온다. 보이지 않는 미생물과 우리는 하루 종일 교류한다. 지구는 미생물의 행성이고 우리는 미생물 인간이다.

오히려 인간의 몸 쪽이 미생물을 적극적으로 활용하는 편이다. 우리 몸에서 만들 수 있는 소화효소는 스무 가지쯤 되지만 체내 미생물들은 약 1만 가지의 소화효소를 만들어낸다. 체내 미생물 군집 조성의 평형 상태가 안정적으로 유지되면 세로토닌과 같은 호르몬 분비가 촉진되어 심리적으로도 긍정적인 영향을 미친다. 우리 몸속에 사는 미생물 덕분에 우리의 삶은 한층 풍요로워진다.

미생물은 우리 몸 곳곳에서 다양한 형태로 군집을 이루고 산다. 이들은 우리가 어떤 환경에서 무엇을 먹고 마시고 어떻게 자는지에 영향을 받는다. 인간과 체내 미생물이 이토록 복잡한 상호작용을 하고 있음을 인식하게 된 것은 고작해야 15년 전부터다. 오늘날과 같은 수준으로 미생물을 이해하게 되기까지 많은 이들의 노력과 행운이 뒷받침되었음은 물론이다.

발견의 순간들

고대 그리스 시대부터 사람들은 음식물을 부패시키고 질병을 옮기는 매개체가 존재한다는 사실을 알고 있었다. 그러나 그 매개체의 정체를 파악하기까지는 생각보다 오랜 시간이 걸렸다.

1676년 호기심이 많고 손재주가 남달랐던 안톤 판 레이우엔훅은 독자적으로 현미경을 발명하고 렌즈의 배율을 높여가며 온갖 것들을 관찰했다. 그는 미생물의 대표 격인 세균, 효모, 원생동물, 조류 등을 관찰하고 이들을 극미동물animalcule이라고 불렀다. 레이우엔훅은 무려 50년 동안 미생물을 관찰하고 기록한 결과물을 네덜란드 왕립학회에 보냈다. 이에 오늘날 네덜란드 왕립학회는 레이우엔훅의 업적을 기려 10년에 한 번씩 미생물학 발전에 가장 크게 기여한 과학자를 선정해 레이우엔훅 메달을 수여한다.

하지만 레이우엔훅은 정작 자신이 관찰한 미생물들이 어떤

레이우엔훅이 만든 현미경은 최대 500배율까지 확대해 물체를 관찰할 수 있는 기구였다. 엄지손가락 정도 크기의 현미경을 눈에 가까이 대고 들여다보는 방식을 이용했다.

역할을 하는지는 알지 못했다. 미생물이 하는 일을 처음 밝혀낸 사람은 루이 파스퇴르다. 1856년 파스퇴르는 와인을 보관하는 방법을 연구하다가 공기 중의 효모가 와인 속에 있는 당을 알코올로 발효시켜 시큼한 맛을 낸다는 사실을 알아냈다. 그는 60도의 온도에서 30분 정도 열처리를 해서 효모를 제거하는(동시에 이로운 효소는 살려놓는) 저온살균법을 개발했다. 또한 파스퇴르는 와인을 발효시킨 것과 같은 보이지 않는 미생물이 질병의 원인일 수 있다고 추론하고 포도상구균을 비롯한 여러 가지 세균을 발견했다.

미생물이 음식을 상하게 하고 병을 옮긴다는 사실을 처음으로 증명해 보인 파스퇴르의 연구는 의학계 전반에 걸쳐 커다란 파장을 불러일으켰다. 19세기까지만 해도 출산 후 산욕열로 사망하는 여성이 많았다. 산욕열의 주원인은 손을 깨끗이 씻지

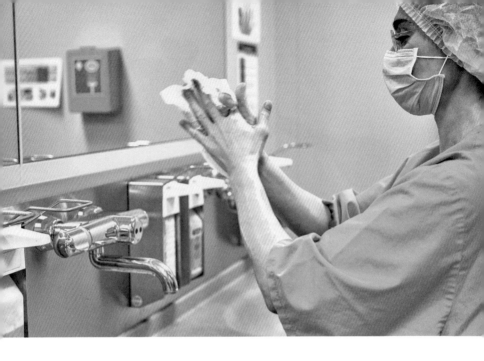

병원 내 감염을 일으키는 미생물은 건강한 사람에게는 별 문제가 되지 않을 수 있다. 하지만 면역력이 떨어졌거나 외상 혹은 수술 상처로 피부나 점막이 손상된 환자들은 감염에 취약할 수밖에 없다. 의료진은 환자가 미생물과 접촉하는 경우를 최소화하기 위해 수술 전 철저하게 손을 닦고 멸균 처리된 일회용 의료 기기를 사용한다.

않은 산파와 의사가 산모에게 미생물을 옮기는 것이었다. 외과 시술을 받은 환자들 가운데에도 이러한 감염 때문에 죽은 사람이 많았다. 그러나 파스퇴르가 미생물 감염에 대한 경각심을 일깨우고 1864년 영국의 조지프 리스터가 석탄산을 이용한 외과 수술 소독법을 개발함에 따라 본격적으로 무균 수술이 의료 현장에 적용되기 시작했다.

1876년 독일의 의사 로베르트 코흐는 탄저병에 걸린 동물로부터 탄저균을 분리해서 배양한 후 건강한 동물에 주입하면 같은 병을 겪게 되고, 2차로 감염된 동물로부터 동일한 병원체를 추출할 수 있다는 코흐 원칙을 발표했다. 이를 토대로 코흐가 탄저병과 콜레라의 병원균을 규명했고 1881년 파스퇴르가 탄저병과 콜레라 백신을 개발했다.

이후 장티푸스, 페스트, 임질, 결핵 등 당대인들의 사망 원인 1위 자리를 놓고 다투던 전염병들의 원인균이 속속 밝혀졌다. 1909년 독일의 면역학자 파울 에를리히는 인체에 해를 입히지 않으면서 특정 세균을 박멸하는 '마법의 탄환'을 연구하며 수백 번의 시행착오를 거친 끝에 매독균을 효과적으로 제거할 수 있는 화학물질인 살바르산 합성에 성공했다. 최초의 화학요법이 탄생한 순간이었다. 이후 몇 가지 부작용을 개선한 마법의 탄환은 매독 외에도 여러 종류의 감염병을 치료하는 데 효과를 거두었다. 파스퇴르, 코흐, 에를리히 세 사람의 노력 덕분에 마침내 전염병의 원인을 밝히고 해결책을 마련할 수 있는 과학적 토대가 갖추어졌다.

1차 세계대전에 참전했던 영국의 세균학자 알렉산더 플레밍은 야전병원에서 수많은 병사들이 패혈증으로 속절없이 죽어가는 모습을 지켜보았다. 전쟁이 끝난 후 플레밍은 세균 감염을 막을 수 있는 항생제 연구에 몰두했다. 기존의 소독약은 항균

나중에서야 밝혀진 사실이지만 모든 푸른곰팡이가 페니실린을 생성하는 것은 아니다. 플레밍을 찾아온 푸른곰팡이는 매우 특별한 페니실륨 곰팡이였다.

력도 부족하고 독성이 너무 강했다. 그러던 어느 날 플레밍이 휴가를 다녀온 사이에 연구실에서 포도상구균을 배양하던 접시가 푸른곰팡이에 오염되고 말았다. 접시에 무슨 일이 일어났는지 현미경으로 관찰한 플레밍은 곰팡이 주변의 세균이 모두 죽은 것을 발견했다. 그는 이 곰팡이를 정제해 세균을 제거하는 성분을 추출하고 페니실린이라고 이름 지었다. 페니실린은 포도상구균뿐만 아니라 임질균, 디프테리아균 등 악질적인 병원균에 대해 항균 효과가 뛰어난 동시에 기존의 소독약에 비하면 인체에 끼치는 해가 적은 편이었다.

특별한 부작용 없이 세균만 골라잡는 페니실린의 효과는 대단했지만 치료에 사용하기에 충분한 양을 추출하는 데 어려움이 있었다. 페니실린의 대량생산은 옥스퍼드대 병리학자 하워드 플로리와 언스트 체인의 노력 덕분에 실현될 수 있었다. 2차 세계대전이 한창이던 어느 날 플로리의 제자인 메리 헌트가 시장에서 사온 멜론 중에서 상태가 좋지 않은 것을 골라내다가 멜론 껍데기에서 황금빛이 도는 푸른곰팡이를 발견했다. 플로리와 체인 연구팀은 이 새로운 곰팡이를 배양해 기존의 곰팡이에 비해 200배 이상 많은 페니실린을 추출하는 데 성공했다. 1942년 여름부터 대량생산되기 시작한 페니실린은 수많은 사람의 목숨을 건지는 데 큰 공헌을 했다.

면역 전쟁

1980년 인류는 또 하나의 의학적 쾌거를 이루었다. 역사상 최초로 한 가지 전염병이 지구상에서 완전히 사라졌음을 공식적으로 선언한 것이다. 고대 이집트 파라오의 시신에서도 발견된 바 있는 천연두 바이러스는 지난 3000년 동안 적어도 3억 명 이상의 인명을 앗아갔다. 인류의 오랜 숙적이었던 천연두와의 전쟁을 승리로 이끈 주역은 질병에 대한 면역력을 생성해주는 백신이었다. 천연두 병원균은 인체에서 떨어져 나가

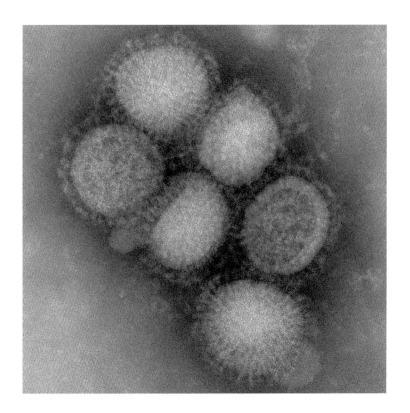

1898년 네덜란드의 식물학자 마르티뉘스 베이에링크는 세포에서만 증식되는 세균보다 더 작은 미생물의 존재를 확인하고 라틴어로 독소라는 뜻의 '바이러스'라고 이름 지었다. 바이러스(위)는 단백질로 이루어진 껍질 안에 RNA나 DNA의 유전물질이 들어 있는 단순한 구조를 취하고 있기에 돌연변이가 잘 일어난다. 인플루엔자 바이러스(아래)의 경우에는 알려진 것만도 100종류가 넘는다. 바이러스는 세균과 달리 오직 숙주의 세포 안에 침투해야만 증식할 수 있다. 크기도 세균의 100~1000분의 1 정도로 매우 작다.

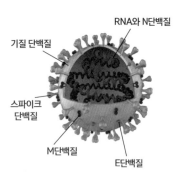

RNA와 N단백질

기질 단백질

스파이크
단백질

M단백질

E단백질

면 생존하지 못하고 중간 매개체 없이 직접 접촉을 통해서만 감염된다. 환자를 잘 격리하고 백신 접종 규모를 확대한다면 박멸할 수도 있다는 뜻이다.

백신 개발 분야는 질병의 원인균인 미생물에 대한 연구가 면역계 연구로 이어졌기에 발전할 수 있었다. 이 과정에 크게 기여한 두 명의 걸출한 과학자가 바로 러시아의 세균학자 엘리 메치니코프와 앞서 소개한 면역학자 파울 에를리히다.

1882년 메치니코프는 불가사리 유충의 면역세포가 외부에서 침입한 물질을 잡아먹는 것을 관찰했다. 이를 바탕으로 그는 우리 몸에서도 유해한 세균을 잡아먹는 대식세포가 면역반응을 주도한다는 '포식 이론'을 발표했다. 그로부터 몇 년이 지난 1891년에 에를리히는 감염된 혈액을 연구하다가 특정 물질이 균만 공격하는 모습을 관찰하고 이를 '수용체 이론'으로 집약했다. 인체의 세포 표면에는 특정 분자와 맞물리는 여러 수용체가 존재하며, 병원균(항원)은 그중에서 자신과 딱 맞는 수용체와 결합해야만 세포를 감염시킬 수 있다는 주장이었다. 에를리히는 체내에 감염이 발생하면 수용체가 과잉 생산되고 혈액으로 배출되어 병원균을 무력화하는 항체가 된다고 설명했다. 이는 오늘날 면역반응을 설명하는 항원-항체 결합의 원리와 거의 유사한 내용이다.

두 사람은 한때 서로 자신의 이론이 옳다고 주장하며 충돌했는데, 결과적으로 우리 몸에서는 선천성 면역과 후천성 면역

엘리 메치니코프(좌)와 파울 에를리히(우). 이들은 현대적 면역학의 기틀을 마련한 공로로 1908년 노벨 생리의학상을 나란히 수상했다.

두 가지가 순차적으로 이루어지고 있음이 밝혀졌다. 인간이 태어날 때부터 지니고 있는 선천성 면역은 감염 초기에 대식세포, 자연살해세포, 수지상세포, 호중구 등을 출동시켜 유해 독소를 발견하는 즉시 제거하거나 먹어치우도록 한다. 메치니코프가 발견한 대식세포가 외부에서 유입된 병원균을 먹어치운다면 자연살해세포는 암세포를 표적으로 삼아 제거한다. 수지상세포는 특정 세포를 표적으로 지정하는 항원 제시 역할을 하며 선천성 면역과 후천성 면역을 중개하는 역할을 맡아본다.

병원균이 선천성 면역 과정이라는 1차 방어선을 뚫고 확산되면 2차 방어선인 후천성 면역 과정이 발동된다. 후천성 면역은 세포성 면역과 체액성 면역으로 나뉜다. 세포성 면역이란 세포독성 T세포가 표적 항원을 인식해 감염된 세포를 직접 파괴하는 것을 뜻한다. 반면에 체액성 면역은 B세포가 표적 항원을 인식한 후 그에 맞는 항체를 생산해 체액에 분비하고, 다량의 항체가 체액 속을 돌아다니며 항원과 결합해 병원균을 무력화하는 방식이다.

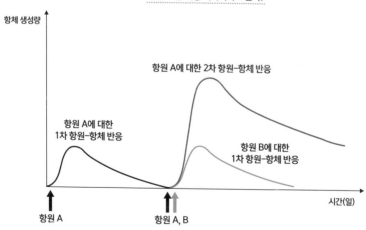

항원에 1차 감염되었을 때는 먼저 선천성 면역이 작동하고 며칠이 지난 후에 후천성 면역이 발동해 항체가 생성된다. 인간의 면역체계에는 기억 T세포가 있기에 체내에 들어온 적이 있는 항원에 대한 면역기억을 저장한다. 이후 2차 감염이 일어나면 기억 T세포가 바로 출동해 선천성 면역과 거의 동시에 항체를 생성함으로써 조기에 감염을 막는다. 이러한 면역기억은 길게는 60년 이상 지속되기도 한다.

항체 생성량

항원 A에 대한 2차 항원-항체 반응

항원 A에 대한
1차 항원-항체 반응

항원 B에 대한
1차 항원-항체 반응

시간(일)

↑
항원 A

↑↑
항원 A, B

보통 후천성 면역은 선천성 면역반응이 일어나고 며칠 후에 가동된다. 그사이 수지상세포가 전달한 항원의 정보를 기억 T세포가 저장한다. 기억 T세포는 한번 입력된 항원 정보를 제수명이 다할 때까지 잊어버리지 않고 있다가 같은 항원의 재침입이 일어나면 신속하게 후천성 면역 과정을 발동한다.

이를테면 코로나19 바이러스 백신을 접종한다는 것은 독성을 제거한 코로나19 바이러스를 체내에 주입해서 기억 T세포가 바이러스에 대한 정보를 기억하도록 만드는 것이다. 이렇게 하면 진짜 코로나19 바이러스가 침입했을 때 우리 몸의 면역체계가 바로 항체를 출동시켜 이를 박멸한다. 그러나 이는 어디까지나 인간의 면역체계에 대한 기본적인 설명으로서, 개인별로 면역체계가 작동하는 방식에 차이가 있기 때문에 같은 병에 걸려도 증상이 다르고 백신을 맞아도 효과가 있는 사람과 없는 사람이 있을 수 있다.

지금까지 이야기한 내용만 놓고 보면 미생물이 매우 위험한 존재라는 생각이 들지도 모르겠다. 실상은 인체 내에 존재하는 미생물 가운데 약 0.1퍼센트만 질병을 일으키고 나머지는 저마다의 방식대로 인간과 공존하고 있는데 말이다. 그럼에도 불구하고 우리가 미생물에 대해 이 정도로나마 이해할 수 있게 된 것은 그 0.1퍼센트에 해당하는 골칫덩이들 덕분이다. 메치니코프는 첫 아내를 폐결핵으로 떠나보낸 후 남은 일생을 병원균의 실체를 밝히는 데 바쳤다. 파스퇴르도 세 딸을 장티푸스로 잃고 나서 감염병 연구에 몰두했다. 그 결과로 우리는 미생물의 생리와 역할에 대해 이해하고 우리 몸의 면역체계에 대한 지식을 넓힐 수 있게 되었다.

이제는 0.1퍼센트의 골칫덩이들로부터 눈을 돌려 나머지 99.9퍼센트의 유익한 미생물들로 시야를 넓혀보자. 그 안에 건강한 삶을 위한 비밀이 담겨 있다.

마이크로바이옴의 세계

생후 3년 안에 결정된다

20세기 초, 60대가 된 메치니코프는 노화 연구에 열심이었다. 어떻게 하면 기력이 쇠하지 않고 오랫동안 건강하게 살 수 있을지 궁금했던 그는 동유럽의 장수 마을에 관심을 기울였다. 특히 불가리아의 농부들은 당대의 기대수명보다 두 배 이상 오래 사는 일도 드물지 않아 메치니코프의 주목을 끌었다. 그는 불가리아 농부들의 생활 습관과 식습관에서 그들의 장수 원인을 발견했다. 농부들은 규칙적인 생활을 하며 숙면을 취하고 이웃끼리 친밀한 관계를 유지했다. 술이나 고기를 즐기는 대신 자연식 위주의 식사를 했으며 특히 유산균으로 우유를 발효시킨 요구르트를 자주 마셨다.

불가리아의 전통 음식인 타라토르는 차가운 요구르트에
채소와 견과류, 올리브유를 넣어 만든 요리다.

요구르트라니! 그간 사람 잡는 미생물을 연구해온 메치니코프는 이제 사람을 건강하고 오래 살게 하는 미생물에 관심을 갖게 되었다. 그는 유산균을 충분히 섭취함으로써 장을 건강하게 관리하면 노화를 지연시킬 수 있다는 '프로바이오틱probiotic 이론'을 세웠다.

하지만 요구르트를 많이 먹으면 150세까지 수명을 늘릴 수 있다는 파격적인 주장을 펼치는 바람에 큰 주목을 받지 못했다. 이런 주장을 한 메치니코프 본인이 그 절반에도 못 미치는 71세를 일기로 타계한 것 또한 영향이 있었을지 모른다.

그러나 20세기를 거쳐오며 장내 미생물에 대한 관심이 서서히 증가했고, 머나먼 동아시아의 대한민국 사람들도 열심히 불가리아 요구르트를 마시는 세상이 도래했다. 또한 2006년《네이처》에 「장내 미생물이 비만을 일으킨다」라는 논문이 발표되고 나서는 미생물과 건강의 관계가 새로운 관점에서 주목받게 되었다.

미국의 제프리 고든 연구팀이 비만 환자 12명의 장내 미생물 변화를 조사한 결과 다이어트 프로그램을 통해 살이 빠진 사람들의 체내에서는 특정 미생물의 분포 비율이 변하는 양상을 확인할 수 있었다. 이 연구는 훗날 특정 미생물이 아니라 장내 미생물 군집이 비만에 영향을 미친다는 결론으로 수렴되었지만, 장내 미생물 때문에 살이 찔 수 있다는 과학적 가설은 학계 전문가들뿐만 아니라 대중의 관심까지 사로잡았다.

100조 개가 넘는 우리 몸속의 미생물 가운데 90퍼센트가 대장에 살고 있으니 최근 들어 관심이 높아진 마이크로바이옴은 대장 내 미생물을 뜻한다고 해도 과언이 아니다. DNA 유전자 분석 결과 지금까지 확인된 장내 미생물은 2000종이 넘는다. 대부분의 미생물은 몇 분에서 몇 시간 정도로 수명이 짧으며(더러 몇 주까지 생존하는 개체도 있다), 개개인이 타고난 유전적 요소를 비롯해 거주 환경 및 식습관에 따라 장내 미생물의 구성 또한 달라지는 모습을 보인다. 하지만 한 사람의 몸에 거주하는 미생물 군집의 조성은 일생 동안 크게 바뀌지 않는다.

우리가 어떤 미생물과 평생 함께할지는 생애 초기 3년 이내에 결정된다. 인간의 면역체계 때문이다. 입에서 항문까지 쭉 연결된 통로 형태의 우리 몸은 미생물이 드나들기에 편리한 구조이다. 유익한 미생물뿐만 아니라 유해한 침입자도 자유자재로 드나들며 균들이 머물기에 최적의 장소인 장으로 모여든다.

이러한 침입자들이 멋대로 설치는 것을 막기 위해 생애 초기 3년이 지나면 장 점막에는 외부로부터의 침입자를 퇴치하는 강력한 방어 시스템이 구축된다. 이 시스템은 생애 초기 3년 이내에 장에 들어온 적이 있는 미생물을 제외한 모든 미생물을 침입자로 간주하여 공격한다. 따라서 영유아기 때 형성된 장내 미생물 군집은 그 사람이 죽을 때까지 개인의 생리적 특질이나 건강 상태 등에 영향을 미친다고 볼 수 있다. 성인이 된 후에 장내 미생물의 조성을 바꾸기가 쉽지 않은 것은 이 때문이다.

그래서 출산 과정을 특히 중요시하는 학자들도 등장했다. 사람이 난생처음 미생물과 접촉하는 시기는 천연 무균실인 엄마 배 속에서 세상으로 나올 때이다. 영국에서 자연분만으로 태어난 아기 314명과 제왕절개로 태어난 아기 282명의 대변을 분석한 결과에 따르면, 자연분만으로 태어난 아기의 체내 미생물 조성은 엄마의 질 내 미생물 조성과 비슷했지만 제왕절개로 태어난 아기의 체내 미생물은 대부분 병원 구내에서 발견되는 미생물로 이루어져 있었다.

이와 유사한 연구 결과가 잇따라 발표됨에 따라 한때는 자연분만이 유익한 장내 미생물 군집을 형성한다는 의견에 힘이 실리기도 했으나, 최근에는 분만법에 따른 신생아의 체내 미생물 조성 차이가 생후 12개월 이후 서로 비슷한 수준으로 맞춰진다는 사실이 밝혀짐으로써 분만법 논란이 일단락되었다. 임산부의 연령이 점점 높아짐에 따라 임신중독에 빠지거나 조산하는 경우도 늘어나고 있기에 무리해서 자연분만을 고집하다가는 산모와 아기 둘 다 위험에 처할 수도 있다.

반면 모유 수유가 생애 초기의 장내 미생물 군집 형성에 좋은 영향을 미친다는 데에는 이견이 없다. 신생아의 장내 미생물 가운데 25~30퍼센트가 모유를 통해 공급된다. 이때 엄마의 장에 있던 프레보텔라, 렙토트리키아와 같은 유익한 미생물들이 아기의 몸으로 옮겨와 평생의 동반자가 된다.

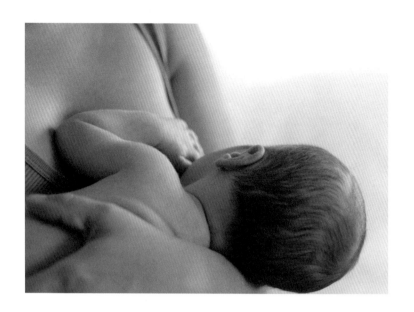

세계보건기구와 유니세프는 생후 6개월까지 완전 모유 수유를 권장한다. 완전 모유 수유란 아기가 젖을 떼기 전까지 모유만 먹이는 것을 말한다. 우리나라의 완전 모유 수유율은 출산 직후에는 16.1퍼센트였다가 4주째에 최고점인 40.3퍼센트에 이르고, 생후 1개월차에 36.6퍼센트, 4개월차에는 26.4퍼센트로 줄어든다. 6개월 동안 완전 모유 수유를 하는 비율은 18.3퍼센트로 세계 평균의 절반에도 미치지 못한다. 사회참여율이 높은 대한민국의 엄마들이 일과 모유 수유를 병행하기에는 제도적 지원이 턱없이 부족한 실정이다.

보통 장내 미생물은 장 밖으로 나갈 수 없다. 그러나 놀랍게도 모유 수유 기간 동안에는 장내에 있는 면역세포가 젖샘까지 길잡이 역할을 하며 유익한 미생물들을 안내한다고 한다. 이는 모유 수유 기간 외에는 거의 일어나지 않는 현상이다. 그뿐만 아

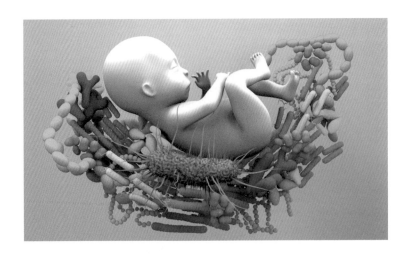

우리는 생후 3년간 조성된 장내 미생물 생태계 안에서
평생을 살아간다.

니라 엄마의 면역체계는 아기가 모유를 먹을 때 전달되는 침 성
분을 분석해 아이에게 필요한 항체도 공급한다.

　모유에는 특이하게도 아기가 소화할 수 없는 올리고당^{HMO}
이 200종 이상 포함되어 있다. 모유의 24퍼센트를 차지하는 올
리고당은 아기의 장내 미생물을 위한 특별식이다. 생후 6개월
이전 영아의 장내 미생물 군집 대부분을 차지하는 비피도박테
리아는 올리고당을 주식으로 삼는다. 비피도박테리아는 면역체
계가 발달되기 전 아기의 항체 생성을 촉진하고 염증을 예방하
는데, 천식 등 자가면역질환 발병률이 낮은 국가의 아기들에게
서 더 많이 발견되는 유익균이다.

장에서 뇌까지 연결된 고속도로

1951년 미국 코넬대에서 뇌와 장이 긴밀하게 연결되어 있음을 보여주는 유명한 실험이 이루어졌다. 대장 검사를 받는 사람에게 "암으로 추정되는 종양을 발견했으니 검사를 해봐야겠습니다"라는 이야기를 들려주자 대장이 수축하며 혈관이 충혈되는 증상을 보인 것이다. 이내 실험자가 이 말이 사실이 아님을 밝히고 긴장을 풀어주면 금세 대장의 상태가 정상으로 돌아오는 것을 확인할 수 있었다. 직접적인 물리 자극이나 손상 없이 스트레스만 가해도 대장에 생리적 변화가 일어난다는 사실을 최초로 입증한 실험이었다.

그로부터 50여 년 후 미국의 신경생물학자 마이클 거숀은 『제2의 뇌』에서 뇌와 장이 미주신경으로 연결된 하나의 축이라는 '장-뇌 축gut-brain axis 이론'을 제시했다. 뇌가 불안을 느낄 때 부신겉질에서 분비되는 코르티솔이 장운동과 장내 미생물 군집 조성에 영향을 미친다는 내용이었다.

특히 스트레스는 장내 미생물 군집의 조성에 극적인 변화를 가져온다. 스트레스가 적은 학기 초와 스트레스를 심하게 겪는 시험 전날 학생들의 분변을 검사해보니 시험 전날에 유익균이 현저하게 감소하는 것을 알 수 있었다. 사돈이 땅을 사면 배가 아프다는 옛 속담은 마냥 허황된 이야기가 아니다. 남이 잘되는 꼴을 못 보는 성격 탓에 스트레스 호르몬을 과다 분비하다 보

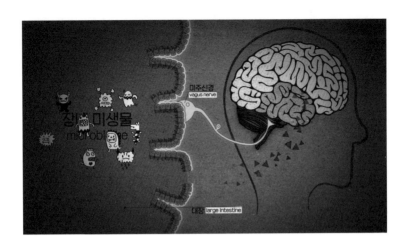

말초신경계 뉴런의 70퍼센트가 장에 존재하고 이는 미주신경
으로 뇌까지 연결되어 있다. 미주신경은 장내 미생물이 생산하
는 대사물질이나 신경전달물질에 반응해 뇌 기능을 조절한다.
또한 장내 미생물의 대사산물이나 호르몬이 혈액으로 이동해
뇌에 영향을 미치기도 한다.

면 장내 미생물 군집의 균형이 무너져 복통을 겪을 수도 있다.

이와는 반대로 장내 미생물 군집이 뇌에 영향을 미친다는
사실은 비교적 최근에 와서야 밝혀졌다. 조지타운대 메디컬센
터 마이클 자슬로프 교수는 노인들에게 찾아오는 만성 배변 장
애가 파킨슨병의 경고 신호가 될 수 있다고 설명한다. 대장에 세
균성 염증이 생기면 장 점막에서 이 세균을 없애려는 면역 단백
질(알파시누클레인)이 생성된다. 문제는 만성적으로 염증이 발생
하면 과다 생성된 면역 단백질의 일부가 중뇌로 이동해 도파민
신경세포를 손상시킴으로써 파킨슨병을 일으킨다는 것이다.

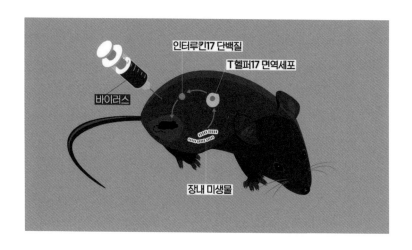

엄마 쥐의 장내 미생물이 만들어낸 면역세포에서 분비된 인터루킨17 단백질이 태아 쥐의 뇌세포 발달에 영향을 미친다. 이로 인해 태아 쥐의 뇌에서 몸의 위치, 자세, 운동 상태를 조절하는 대뇌겉질이 손상되면 태어난 아기 쥐는 자폐 성향을 보인다.

　또한 2017년 하버드대 면역학과 교수 허준렬은 임신 중인 엄마 쥐의 특정 장내 미생물이 태아 쥐의 신경 발달 이상을 촉진한다는 연구 결과를 발표했다. 임신한 엄마 쥐가 바이러스에 감염되면 절편섬유상세균이라는 장내 미생물이 면역세포 TG 헬퍼17을 만들고, TG 헬퍼17은 다시 인터루킨17이라는 단백질을 분비해 바이러스를 공격한다. 이때 생성된 단백질이 태아 쥐의 뇌세포 발달에 영향을 미친다. 단백질의 영향으로 손상된 대뇌겉질 부위가 어디냐에 따라 태어난 아기 쥐가 자폐 성향을 띠거나 사회성이 결여된 모습을 보이기도 한다.

이에 따라 장과 뇌를 연결하는 고속도로의 흐름을 정상으로 유지해 자폐, 파킨슨병, 조현병, 알츠하이머 등의 뇌 질환을 비롯해 비만, 염증성 장 질환 등을 개선하려는 연구가 활발히 이루어지고 있다. 지금 내 몸의 장내 미생물 조성 상태가 썩 좋지 않다면 생애 초기에 함께한 좋은 미생물들이 다시 자리 잡을 수 있도록 아예 '리셋'을 하는 게 해법일 수 있다.

여기서 이튼의 이야기를 들어보자. 임신 8개월 만에 태어난 이튼은 생후 30개월 때 자폐 스펙트럼 장애 진단을 받았다. 이튼은 아기 때부터 고열로 인한 피부 화상과 잦은 설사에 시달렸으며 예민하고 기분 조절에 어려움을 겪는 아이로 자라났다. 이튼의 말문은 일곱 살이 되도록 트이지 않았다. 부모는 이튼의 자폐 증상을 완화할 방법을 수소문하던 중 자폐 아동들에게 공통적으로 나타나는 배변 장애가 자폐 증상과 관련이 있다는 연구 결과를 접했다.

애리조나대 연구팀은 건강한 아동의 장내 미생물을 자폐 아동에게 이식하면 중증 자폐 증상을 완화할 수 있다는 내용의 논문을 학술지에 발표했다. 이튼의 부모는 심한 배변 장애를 겪는 이튼에게 건강한 장내 미생물 군집 이식을 시도하기로 결정했다. 2주 동안 항생제로 이튼의 기존 장내 미생물 군집을 청소하고 점막의 면역 기능을 무력화한 후, 7~8주 동안 매일같이 건강한 공여자들의 분변에서 채취한 미생물 군집을 이튼에게 이식했다.

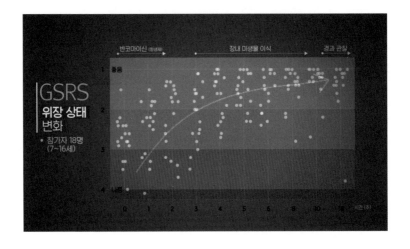

배변 장애가 있는 자폐 환자에게 장내 미생물 이식 치료를 시도하
자 복통, 설사, 변비 등 소화기 계통 문제가 85퍼센트 감소했다.

2년 후 이튼은 약한 자폐 증상을 보이기는 하지만 말도 곧
잘 하고 친구들과도 잘 어울리는 소년으로 바뀌었다. 이튼의 장
내 미생물 군집은 한층 다양해졌고 이식한 유익균도 기존의 미
생물들과 잘 지내고 있다. 2019년 애리조나대 연구팀은 장내 미
생물 이식 치료가 중증 자폐 증상을 50퍼센트까지 완화한다는
연구 결과를 내놓았다. 자폐 아동의 장내 미생물 군집을 개선하
면 소화 및 배변 장애가 85퍼센트 이상 완화되며 대인관계나 정
서 표현, 언어 구사에 어려움을 겪는 증상은 45퍼센트 정도 완화
되었다.

금보다 값어치 있는 똥

내 몸속의 미생물 조성을 확인하려면 2주 동안 전분을 섭취하면서 분변, 즉 똥을 관찰하면 된다. 우리가 배설한 똥 내용물의 절반 이상은 장내 미생물로 구성되어 있다. 유칼립투스 잎만 먹는 코알라의 어미는 새끼가 젖을 떼면 자기 똥을 먹이는데 이는 유칼립투스 잎을 잘 소화할 수 있는 장내 미생물을 새끼에게 공급하기 위함이다.

2012년 미국 보스턴에 정자은행과 혈액은행에 이어 대변은행 오픈바이옴이 문을 열었다. 귀한 똥을 선별해서 위생적으로 보관하고 이식을 필요로 하는 사람에게 안전하게 전달하는 비영리 기관이다. 매년 5000명가량의 사람들이 똥을 기증하겠다며 대변은행을 찾는다. 신청이 받아들여지면 한 차례 기증할 때마다 40달러를 받는다. 이렇게나 비싼 돈을 주고 똥을 사들이다 보니 선별 기준이 깐깐해서 기증 신청이 통과될 확률은 3퍼센트에 불과하다.

18세 이상 50세 이하의 성인 가운데 기본적인 신체검사 기준(BMI 30 이하 등)을 통과한 건강한 사람에 한해 기증 신청 자격이 주어진다. 기증 신청자는 우선 에이즈, 감염병, 알레르기, 우울증 등 장내 미생물과 관련된 질병이나 증상을 묻는 200여 문항의 문진표를 작성해야 한다. 서류 심사에 합격하면 혈액검사와 대변검사를 받고 다양한 의료 평가를 거친다. 최종 심사에 통과

까다로운 입맛을 지닌 코알라는 오직 유칼립투스 잎만 먹는다. 질기고 소화하기 어려운 유칼립투스 잎은 섭취량에 비해 영양분이 충분치 않다. 그래서 코알라의 몸에는 2미터에 이르는 맹장이 있다. 위에서 미처 소화하지 못한 섬유질이 긴 맹장을 통과하는 사이에 장내 미생물이 영양분을 흡수한다. 그사이 코알라는 최대한 에너지를 아끼기 위해 20시간씩 잠을 잔다.

한 공여자는 일주일에 한 번꼴로 대변은행을 방문해 신선한 똥을 제공한다. 정제 과정을 거쳐 이물질을 제거한 분변은 -80도의 냉동고에 보관된다. 분변 이식은 이렇게 정제한 분변을 환자의 직장에 주입하거나 경구용 알약 형태로 복용하도록 함으로써 이루어진다.

설립 이래 6년 동안 오픈바이옴은 3톤 이상의 분변을 공급해 약 4만 5000건의 이식이 이루어지는 데 기여했다. 현재 우리나라에도 성모병원, 세브란스병원, 서울대병원 등 대학병원을 중심으로 분변 이식이 시행되고 있으며 세 곳의 대변은행이 운영되고 있다. 아무나 분변 이식을 받을 수 있는 것은 아니고 승인된 질환에 대해서만 이식 시술이 가능하다.

2013년 미국 식품의약국은 항생제가 유발한 장염^{CDI} 치료를 목적으로 하는 분변 이식을 최초로 승인했다. 성과는 괄목할 만하다. CDI는 그동안 난치병으로 여겨져왔으나 분변 이식 시술을 통해 완치율이 85~95퍼센트에 이르게 되었다. 그뿐만 아니라 크론병, 과민성대장증후군 치료에도 분변 이식이 큰 효과를 보인 사례가 보고된 바 있다. 이쯤 되면 금보다 값어치 있는 똥이라 하겠다.

분변 이식 치료 연구자들이 최근에 주목하고 있는 분야는 비만이다. 뚱뚱한 쥐에게 마른 쥐의 분변을 이식했더니 살이 쏙 빠진 것이다. 조건을 달리해 시행한 여타의 실험에서도 유사한 결과를 얻을 수 있었다. 비만 환자들의 장내 미생물을 연구해온

클로스트리듐 디피실리 세균은 항생제 내성이 강한 장내 미생물이다. 장기간 항생제에 노출된 채 생활하다 보면 다른 유익균은 대부분 사라지고 이 세균만 증가해 염증과 설사를 유발한다. 클로스트리듐 디피실리가 유발한 장염(CDI)은 약물로 치료하기가 어려워 난치성 질환으로 분류된다.

제프리 고든은 인간의 분변을 쥐에게 이식하는 실험을 실시했다. 한쪽은 뚱뚱하고 한쪽은 마른 쌍둥이 여성의 분변을 서로 다른 쥐에게 이식했더니, 뚱뚱한 여성의 분변을 이식받은 쥐는 뚱뚱해지고 마른 여성의 분변을 이식받은 쥐는 날씬해지는 것을 볼 수 있었다. 기존에 이루어진 각종 분변 이식 치료 과정에서도 이와 같은 부수적 효과가 확인되었다.

결론을 내리기에는 성급한 감이 있지만 날씬한 사람의 건강한 똥을 이식받으면 비만인 사람도 날씬해질 가능성이 있는 것이다. 분변 이식을 통한 비만 퇴치법이 정식으로 승인받기까지는 아직 갈 길이 멀지만, 지금까지 축적된 연구 결과가 비만과 당뇨병 치료에 유익한 미생물 군집을 분류하는 작업으로 이어지고 있으니 가까운 미래에 기대를 걸어볼 만하다.

위생 가설과 오래된 친구 가설

우리 선조들은 맨발로 흙을 밟고 숲을 누비며 살았다. 자연 속에서 수많은 미생물과 접촉하고 그 자극에 대응하며 면역력을 키웠다. 불과 30여 년 전만 해도 도시에서든 시골에서든 아이들은 하루 종일 밖에서 놀다 흙투성이가 되어 돌아오곤 했다. 엄마들은 아기가 엉금엉금 바닥을 기어 다니다가 손가락을 빨며 앉아 있어도 별로 신경 쓰지 않았고 바닥에 떨어진 과자를 주워 먹어도 크게 나무라지 않았다.

하지만 요즘 아이들은 거의 무균 상태에 가까운 환경에서 자라난다. 코로나 팬데믹 이후로 아이들은 하루 종일 마스크를 착용한 채 생활하는 데 익숙해졌고 수시로 손을 닦는다. 면역력이 약해 감염병에 취약한 아이들에게 이런 습관은 분명 도움이 된다. 하지만 적당히 비위생적인 환경이 건강한 면역체계를 형성한다는 입장에도 공감이 가는 게 사실이다.

1989년 영국의 의학자 데이비드 스트라찬은 이런 관점에

외부 병원균의 침입에 대응하는 우리 몸의 면역체계가 별다른 해를 끼치지 않는 이물질에 대해서도 과잉반응을 보이는 것을 알레르기라고 한다.

초점을 맞추어 '위생hygiene 가설'을 제안했다. 위생 가설은 대가족 속에서 자란 막내 아이가 외동으로 자란 아이보다 알레르기 증세를 보일 확률이 현저히 낮다는 연구 결과에서 비롯되었다. 영유아 시절 많은 사람들과 접한 아이는 자연스럽게 사람들이 옮긴 미생물과 접촉할 기회를 갖기에 면역체계를 충분히 단련할 수 있다는 것이다.

현재 전 세계에서 약 10억 명의 사람들이 땅콩, 꽃가루, 먼지, 동물 털, 과일 등에 대한 알레르기를 겪고 있다. 알레르기는 우리 몸의 면역체계가 굳이 맞서 싸울 필요가 없는 이물질을 항원으로 인식해 면역반응을 일으키고, 부적절한 면역반응을 억제하는 세포(조절 T세포)가 제대로 기능하지 못해 이 과정이 더욱 증폭되며 발생한다. 게다가 이러한 과잉반응은 일회성에 머물지 않는다. 앞서 살펴보았듯이 인체의 면역체계는 기억력이 좋기 때문이다.

알레르기 반응은 피부 발진, 콧물, 기침, 가려움, 구도, 열 등을 유발한다. 알레르기성 천식 환자 중에는 과도한 기침과 함께 기도가 부어오르며 숨을 못 쉬는 발작 상태에 빠지는 경우도 있다. 이는 면역반응으로 형성된 항체가 면역세포를 자극해 염증과 발진, 기도 폐쇄를 유발하는 물질인 히스타민을 분비하기에 발생하는 증상이다. 이와 같은 심각한 알레르기 반응이 나타나는 경우에 신속하게 항히스타민제를 투여하지 않으면 목숨을 잃을 수도 있다.

2017년 건강보험심사평가원의 진료 인원 데이터를 보면 3~4월에 천식으로 병원을 찾은 환자는 55만 명이 넘는다. 천식 환자의 사망률 또한 10만 명당 4.9명으로 OECD 가입국 중 2위를 차지한다. 우리나라의 천식 환자는 매년 늘고 있고 사망률도 증가 추세이나 천식의 발병 원인이 명확하게 밝혀지지 않아 뚜렷한 치료법이 없는 실정이다.

일찍부터 아이들에게 다양한 미생물과 접촉할 기회를 줌으로써 면역체계를 단련하도록 한다는 위생 가설은 일견 타당

어릴 적 맨발로 땅을 밟고 흙먼지를 뒤집어쓰며 뛰놀았던 아이들은 꽃가루나 땅콩 때문에 괴로워할 가능성이 낮다. 그렇다고 해서 아이를 더러운 환경에서 키워도 괜찮으리라는 생각은 매우 위험하다. 수혜를 입은 아이들은 어디까지나 자연의 품 안에 있었음을 명심해야 한다.

하고 매력적으로 들린다. 그러나 이를 전적으로 추종해 일부러 청결하지 않은 환경에서 아이를 키우겠다는 생각은 위험하다. 2021년 런던대 명예교수 그레이엄 룩은 위생 가설을 잘못 이해한 채 아이를 위험에 노출시켜서는 안 된다고 경고했다. 그는 두 가지 이유를 들어 자신의 주장을 설명했다.

첫째, 자연환경에서 미생물과 접촉하는 것은 면역체계 강화에 효과가 있지만 현대사회의 가정에서 접촉할 수 있는 미생물은 면역력과 직접 관련이 있지 않을뿐더러 면역 형성에도 아무런 도움이 되지 않는다. 둘째, 오늘날에는 영유아기 때 백신 접종을 함으로써 면역체계를 충분히 강화하고 있다. 굳이 더러운 환경에서 면역력을 키울 필요가 없다.

위생적인 환경이 안전하다는 것은 두말할 나위도 없지만 여기에도 유의할 점이 있다. 아이들이 살균 및 소독 제품에 노출되면 오히려 알레르기 질환이 발생할 수 있다는 것이다. 각종 방법을 동원해 구석구석까지 살균하고 소독해놓은 집 안을 기어다니다가 손가락을 빠는 행동은 아이에게 잠재적 위험으로 작용한다는 이야기다.

그레이엄 룩의 주장이 설득력을 갖는 것은 그가 미생물이 그다지 사람들의 주목을 끌지 못했던 20여 년 전부터 꾸준히 미생물에 대해 연구하고 미생물과 인간의 공존을 강조해온 인물이기 때문이다.

저개발국이나 개발도상국에서 기생충 감염률이 높은 지역

에 사는 사람들에게는 알레르기 질환을 비롯한 자가면역질환이 거의 나타나지 않는다는 조사 결과가 2003년에 발표되었다. 자가면역질환은 융통성이 없고 과민해서 종종 실수를 저지르는 인간의 면역체계가 제 몸의 세포를 공격하며 폭주하는 바람에 발생하는 질환으로, 현재 전 세계 사람들 가운데 5퍼센트 정도가 이를 앓고 있다. 널리 알려진 자가면역질환으로는 크론병, 다발경화증, 궤양성대장염 등이 있으며 아직까지 발병 원인이 정확히 밝혀지지 않아서 난치병으로 분류된다.

기생충 감염이 어떻게 면역질환을 억제하는지 살펴본 그레이엄 룩은 아주 오래전부터 우리 몸에 거주해온 몇몇 기생충들이 장내 미생물의 성장과 활동을 돕고 있음을 알게 되었다. 하지만 구충제와 항생제를 애용하는 현대인들의 몸에는 그러한 기생충이 거의 남아 있지 않다.

룩은 우리가 잃어버린 그 기생충들이 인체의 미생물 군집의 균형을 맞춰주던 일원이었다고 주장하며 '오래된 친구old friends 가설'을 제시했다. 이 친구들이 사라진 이후로 원인을 알 수 없는 부적절한 면역반응이 잦아졌다는 것이다. 실제로 자가면역질환을 앓고 있는 환자들이 특정 기생충에 감염될 경우에 증상이 완화되었다는 보고가 잇따르고 있다. 특히 크론병 환자들에게 돼지편충 알을 투여하자 면역체계가 장이 아닌 편충을 공격하면서 환자들의 약 70퍼센트가 질환 활성도가 낮아지는 결과를 보였다. 현재 유럽에서는 기생충 치료가 크론병과 궤양

발열과 피부 발진

피로와 무기력

복통과 식욕 감소

메스꺼움과 구토

영양실조와 체중 감소

잦은 설사

혈변

크론병은 심각한 자가면역질환의 하나다. 크론병 환자는 설사, 구토, 발열, 복통, 혈변, 무기력 등의 증상을 복합적으로 겪으며 자칫하다가는 합병증으로 사망할 수도 있다. 사회생활은 물론이고 일상생활조차 하기가 어려워 난치병으로 분류되며, 우리나라에서는 군 면제 사유이기도 하다. 전체 크론병 환자 중 30퍼센트는 유전적 요인으로 발병하며 나머지 70퍼센트는 후천적인 요인으로 발병한다.

성대장염의 치료제로 승인을 받은 상태다.

우리는 살균과 소독, 항생제, 공중위생의 발전 덕분에 전염병과 감염으로부터 귀한 생명들을 구해냈다. 그러나 근본적으로 우리는 미생물 인간이며 미생물과 더불어 진화해왔다는 사실을 기억해야 한다. 어쩌면 미래 의학의 성패를 좌우할 요소는 좋은 미생물과의 오랜 공존 관계를 회복하면서 나쁜 미생물에게는 철퇴를 가할 수 있는 절묘한 균형점을 찾아내는 일일지도 모른다.

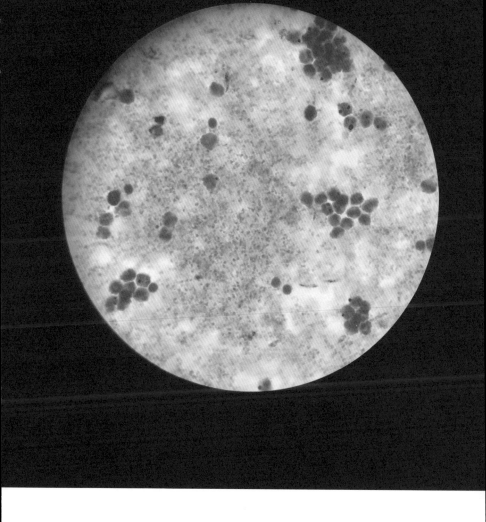

우리의 몸에는 좋은 미생물과 나쁜 미생물이 함께 살고 있다. 좋은 미생물은 제자리에서 제 역할을 다할 때 좋은 것이다. 해롭다고 낙인찍힌 미생물의 경우에도 어쩌면 우리가 아직 이들이 제공하는 이로움을 깨닫지 못한 것뿐일지 모른다. 덮어놓고 없애버린다면 뒤늦게 오래된 친구를 잃었음을 안타까워할 수도 있다.

미생물과의 공생

붉은 여왕의 질주

11번 상염색체에 위치한 유전자에 돌연변이가 생기면 원래 둥근 원반 형태인 적혈구가 낫과 같은 모양으로 구부러진다. 낫형 적혈구는 정상 적혈구에 비해 부피가 작기 때문에 산소 운반 효율성이 떨어지고, 무엇보다 그 생김새 때문에 혈관 벽에 걸려 쌓이거나 혈관이 갈라지는 지점에 고여서 혈관을 막아버리곤 한다. 낫형 적혈구 빈혈증 환자 가운데에는 악성 빈혈에 시달리다 이른 나이에 삶을 마감하는 이들도 있다.

낫형 적혈구 빈혈증은 세계적으로 인구 10만 명당 8명꼴로 발병하는데, 유독 아프리카에서 발병률이 매우 높다(100명당 1명). 이는 아프리카인들의 오랜 숙적인 말라리아 때문이다. 모기가 옮기는 말라리아 원충은 적혈구의 헤모글로빈을 먹어치우며 번

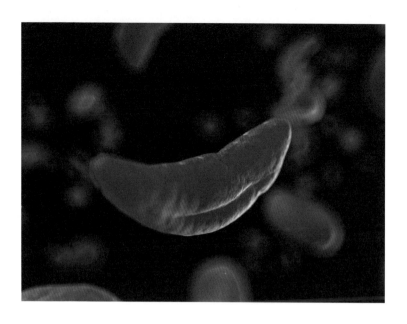

낫형 적혈구는 보통 적혈구에 비해 산소 운반 능력이 떨어지고 빈혈을 유발한다. 그러나 말라리아 원충에 저항하는 능력이 출중하다는 강점 또한 갖고 있다.

식한다. 하지만 낫형 적혈구는 말라리아 원충에 맞서 강력한 저항력을 발휘한다. 오늘날 많은 아프리카인이 낫형 적혈구 돌연변이를 가지고 있다는 사실은 이 돌연변이가 아프리카 사람들의 생존과 재생산에 이롭게 작용했음을 시사한다. 다시 말해, 말라리아 저항성이 주는 이득이 심각한 빈혈을 초래할지 모른다는 위험성을 상쇄하고도 남음이 있었다는 것이다.

과거에나 지금에나 미생물은 인간의 진화에 커다란 영향력을 행사한다. 병원균이 우리 몸을 숙주로 삼아 번식하며 진화하

"여기서는 같은 곳에 있으려면 쉬지 않고 힘껏 달려야 해.
어딘가 다른 데로 가고 싶으면 그보다 두 배는 빨리 달려야 하고!"
_『거울 나라의 앨리스』 중에서

는 동안 우리 몸의 세포들도 병원균으로부터 스스로를 방어하
는 방향으로 진화해왔다. 1973년 미국의 진화생물학자 밴 베일
런은 '붉은 여왕 가설'을 통해 이러한 현상을 설명하고자 했다.

  붉은 여왕은 루이스 캐럴의 『거울 나라의 앨리스』에 나오는
폭군이다. 붉은 여왕이 지배하는 나라에서는 어떤 물체가 움직
이면 모든 것이 같은 방향으로 움직이기 때문에, 제자리에 있고
싶어도 계속 달려야 하고 어디론가 가려면 더 빨리 질주해야 한
다. 병원체와 숙주 간의 경쟁도 이와 마찬가지다. 상대가 진화하

는 속도에 뒤처지지 않기 위해서라도 끝없이 진화를 거듭해야 한다.

붉은 여왕이 통치하는 나라에서 바이러스에 뒤처지지 않기 위해 질주하는 우리 몸도 고달프지만, 우리 몸속에서 수백만 년 동안 공존해온 체내 미생물 또한 어지러운 변화의 압력을 받고 있다. 우리가 처한 환경과 생활 습관, 식습관 등의 변화도 체내 미생물의 운명에 큰 영향을 미치지만 무엇보다도 무분별한 항생제 복용이 체내 미생물 생태계의 균형을 무너뜨리고 있다. 반면에 우리가 항생제를 써서라도 때려잡으려고 하는 나쁜 병원균들은 항생제와의 달리기 경주에서 좀처럼 뒤처지지 않고 내성을 키워나간다.

페니실린을 발견한 알렉산더 플레밍 본인도 페니실린 남용의 위험성에 대해 일찍이 언급한 바 있다. 무분별하게 페니실린을 사용하다가는 페니실린 내성균 감염으로 더 많은 사람이 죽을 수도 있다는 플레밍의 경고는 오래지 않아 현실화되었다.

몇몇 세균은 페니실린의 핵심 구조를 파괴하는 효소를 만들어 모든 천연 페니실린을 무력화할 수 있게 되었다. 그러자 인간은 페니실린 내성균을 잡는 새로운 항생제인 스트렙토마이신을 발견하고 잠시 안도했다. 하지만 이내 새로운 항생제에 대한 내성을 지닌 세균들이 나타나 이전까지 써온 약이 듣지 않고 부작용마저 생겨났다. 더군다나 강력한 항생제를 투여할 때마다 우리 몸에 살던 좋은 미생물도 무차별 폭격을 받았고 결국 항생

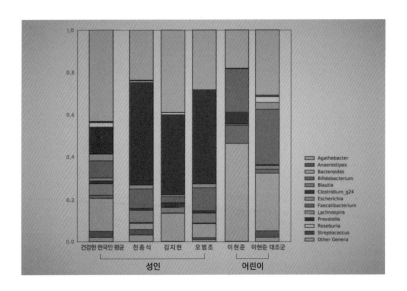

건강한 어른의 경우에는 장내 미생물 가운데 유익한 미생물의 비율이 높고 다양성도 뚜렷하다. 그러나 항생제를 복용한 어린이(이현준)는 또래 평균(이현준 대조군)보다 장내 미생물의 다양성이 떨어지고 클로스트리듐(빨간색)처럼 항생제 저항성이 높은 미생물의 비율이 높다. 어린이의 경우에 프레보텔라(보라색)의 비율이 낮은 것은 나물이나 견과류같이 식이 섬유가 많이 포함된 음식을 충분히 섭취하지 않기 때문이다.

제 내성이 강한 미생물만 살아남은 채 오래된 친구들은 영영 사라지고 말았다.

미국의 의사들은 외래 환자의 10퍼센트 이상을 대상으로 항생제를 처방한다. 특히 치과 진료를 받은 환자의 81퍼센트가 예방적 항생제를 처방받는다. 우리나라의 경우도 마찬가지다. 2015년 조사 자료에 따르면 급성중이염을 진단받은 유아와 소

세균을 먹어치운다는 뜻의 박테리오파지(bacteriophage)는 세균 잡는 바이러스를 통칭하는 말이다. 단순한 구조의 박테리오파지는 특정한 세균만 감염시켜 무력화하기 때문에 항생제의 대체재로 주목받고 있다. 2018년 노벨 화학상을 수상한 그레고리 윈터와 조지 스미스는 박테리오파지를 활용해 자가면역질환인 류머티즘 관절염을 치료하는 항체를 개발했다.

아의 84퍼센트가 항생제 처방을 받은 것으로 나타났다. 중이염 약을 복용하는 아이들의 대다수가 잦은 설사에 시달리며 장내 미생물 군집의 다양성을 급격히 상실한다. 특히 프레보텔라와 같이 유익한 균은 항생제를 2주만 복용해도 돌이킬 수 없을 정도로 궤멸되곤 한다.

앞서 우리는 임산부나 모유 수유 중인 엄마의 장내 미생물 상태에 따라 아기의 장내 미생물 군집 조성이 달라진다는 사실을 살펴보았다. 이는 엄마가 복용한 항생제가 아기에게 미치는 영향이 크다는 사실을 뜻한다. 장내 미생물 군집의 다양성이 감소하면 여러 가지 문제가 생긴다. 생후 6개월 이전에 항생제에 노출된 아이들은 세 살 무렵에는 또래 평균에 비해 체질량지수가 높은 아이로 자라나곤 한다. 병원균에 감염될 위험도 상승하며 자가면역질환이나 알레르기가 생기거나 심리적 불안 증세를 겪기도 한다.

이와 같은 상황을 학자들 또한 좌시하고 있지만은 않다. 항생제 내성이 생길 가능성을 원천봉쇄하기 위해 박테리오파지를 이용한 마법의 탄환을 개발하거나, 코로나19 백신 개발 과정에서 처음 활용한 mRNA 방식처럼 새로운 유전자 치료법 개발에 나서는 사람들도 있다. 그리고 아예 한 발 더 나아가 병원균과의 진화 경쟁을 하지 않고 이기는 방법을 궁리하는 이들도 나타났다. 프로바이오틱스와 프리바이오틱스를 연구하는 사람들이다.

프로바이오틱스에게 프리바이오틱스를

1만 년 전 농경 생활을 시작한 인류는 남는 식량을 버리지 않고 어떻게 잘 보관할 수 있을까 머리를 짜냈다. 다양한 시행착오 끝에 고안해낸 방법은 바로 소금과 식초에 절이거나 미생물을 이용해 발효시킨 상태로 식량을 보관하는 것이었다.

젖산간균　　　　　　　　　　　　**젖산구균**

45도가량의 따뜻한 우유에 유산균을 넣고 6~8시간 정도 두면
천연 발효 요구르트가 만들어진다. 한 컵의 요구르트 안에는 약
1.5그램의 유산균이 들어 있는데, 젖산간균은 유당을 분해해
체내에서 잘 소화되도록 해주고 젖산구균은 우유의 화합물을
소화해 신맛을 낸다.

　　발효와 부패는 미생물이 물질의 당을 분해하는 대사 작용
이라는 점에서 본질적으로 동일한 과정이다. 이 과정에서 분해
된 결과물이 인간에게 유용하면 발효라고 하고 악취나 독성을
내뿜으면 부패라고 한다. 수천 년 동안 인류의 먹거리를 발효시
키며 음식의 맛을 돋우고 영양가를 풍부하게 하고 소화를 도와
온 유익균들을 한데 아울러 프로바이오틱스probiotics라고 부른다.

　　프로바이오틱스의 대표 주자는 당을 발효시켜 젖산을 만드
는 유산균이다. 우리 선조들은 가축을 길들인 직후부터 우유에
들어 있는 유산균을 이용해 치즈나 요구르트를 만들어 먹었을
것으로 추정된다. 비록 그 실체는 몰랐겠지만 말이다. 최초로 유
산균의 효능을 과학적으로 규명한 메치니코프는 불가리아 요구
르트에서 젖산간균(락토바실러스 불가리쿠스)과 젖산구균(스트렙

김치는 소금에 절인 배추나 무를 고춧가루, 파, 마늘, 생강, 각종 젓갈 등의 양념에 버무린 다음 발효시켜 만드는 한국의 대표적인 전통 음식이다. 가장 인기 있는 배추김치를 비롯해 총각김치, 파김치, 동치미, 갓김치 등 다양한 종류의 김치가 오늘도 우리 밥상에 오른다.

토코커스 써모필러스)을 발견했다. 젖산은 음식을 발효시키고 인체 내부 환경을 pH 6.0 이하의 산성으로 바꾼다. 대장 내부가 산성으로 유지되면 염증 반응을 일으키는 유해균은 줄고 유익균은 증가한다. 발효유는 유당에 예민한 사람들도 소화할 수 있으며 칼슘의 흡수율을 높여준다.

우리나라의 대표적인 전통 음식이자 발효 식품인 김치는 100여 가지가 넘는 미생물이 들어 있는 유산균의 보고다. 일반적으로 국민소득이 상승하면 채소보다 육류 소비량이 늘어나는 경향을 보이는데, 독특하게도 우리나라는 국민소득이 늘어도 채소 소비량이 줄어들지 않았다. 김치를 통해 상당량의 채소를 섭취하기 때문이다. 2019년 조사에 따르면 대한민국의 한 해 김치 소비량은 약 186만 7000톤에 이른다. 국민 한 사람이 1년 동안 37킬로그램의 김치를 소비하는 셈이다.

김치의 가장 큰 장점은 오랫동안 보관하며 먹을 수 있다는 것이다. 김치에 들어 있는 웨이셀라 코리엔시스와 락토바실러스 플란타룸, 류코노스톡 시트리움 등의 유산균이 김치의 숙성과 맛을 좌우한다. 발효 정도에 따라 맛도 달라지고 미생물의 구성도 변화한다. 김치의 또 다른 장점은 이러한 유익균인 프로바이오틱스를 공급함과 동시에 장내 미생물의 먹거리인 프리바이오틱스prebiotics를 제공한다는 점이다.

프리바이오틱스는 장에서 분해되지 않는 식이 섬유로서 체내 유익균의 성장과 활성을 자극하는 영양분이다. 최근 10년 사이에 이눌린, 프락토올리고당, 저항성 전분 등 프리바이오틱스의 효능에 대한 연구가 활발하게 이루어지고 있다. 프리바이오틱스가 풍부한 식단을 따르면 체내 미생물들의 면역체계가 강화되어 병원균에 대한 방어 능력이 상승하고 미네랄 등 몸에 필요한 영양분의 흡수율이 증가하며 설사와 알레르기, 자가면역질환, 염증이 완화된다. 또한 인슐린 민감성을 높임으로써 비만과 당뇨병을 예방하며 과체중 등 만성질환의 위험 요인도 줄여준다.

마늘이나 양파를 비롯해 치커리에 많이 들어 있는 이눌린은 유익균에 영양을 공급하고 당뇨병을 예방하고 지방 분해를 촉진해 비만도를 개선하는 효과가 있다. 돼지감자, 리크, 보리, 밀등에 많이 들어 있는 프락토올리고당은 염증성 장 질환을 완화해준다. 저항성 전분은 렌틸콩, 옥수수, 귀리, 현미, 망고와 덜익은 바나나, 식은 찐 감자로 섭취할 수 있으며 대장암 발생 가능성을 줄이고 염증 억제에 도움을 준다.

이 정도로 이로운 점이 많으니 프리바이오틱스 식품을 먹지 않을 이유가 없다. 다만 아무리 몸에 좋은 식품이라 해도 편식은 장내 미생물의 불균형을 초래하기 때문에 되도록이면 여러 가지 채소나 과일, 곡물을 통해 고루고루 프리바이오틱스를 섭취해야 한다.

우리 몸에 있는 대장의 길이는 약 1.8미터고 소장은 무려 7.5미터에 달한다. 한정된 복부 공간 안에 소장과 대장이 구불구불한 형태로 들어차 있다. 이러한 체내 구조는 음식물이 오랫동안 장에 머물며 장내 미생물에 충분한 영양분을 공급하도록 해준다. 사람이 섭취하는 음식물은 일반적으로 위에서 2~4시간, 소장에서 4~5시간, 대장에서 12~20시간가량 머문 뒤 똥으로 배출된다. 특히 프리바이오틱스는 대장에 도착할 때까지 소화가 되지 않기 때문에, 충분한 양을 섭취하면 장내 미생물의 조성을 다양하고 균형 잡히게 만드는 데 도움을 준다.

미네소타대 연구팀은 전통적으로 채식 위주의 식습관을 고수해온 아시아의 소수민족이 미국으로 이민을 온 뒤에 장내 미생물 군집 조성이 어떻게 달라지는지 관찰해보았다. 복합 탄수화물과 섬유질이 풍부한 채식 위주의 식단을 유지할 때는 유익한 미생물인 프레보텔라의 비율이 높았으나, 9개월 동안 미국에 체류하면서 서구식 식단으로 바꾼 뒤로는 고기를 많이 먹는 사람들에게서 주로 발견되는 박테로이데스가 증가하고 프레보텔라가 줄어들었다.

흥미로운 점은 이들이 2주 이상 프리바이오틱스를 풍부하게 섭취하자 프레보텔라의 개체 수가 빠르게 회복되었다는 점이다. 장내 미생물의 수명은 그리 길지 않기 때문에 며칠간만 식단을 조절해도 유익균이 몇십 배에서 몇백 배까지 증가하며 유해균은 20~30퍼센트가량 감소하는 효과를 얻을 수 있다.

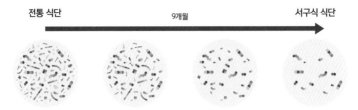

전통 식단　　　　9개월　　　　서구식 식단

장내 미생물 군집의 다양성 감소

프레보텔라 감소, 식이 섬유 분해 효소 감소　　　　박테로이데스 증가

남아시아의 소수민족인 카렌족 이민자 19명의 장내 미생물 군집 조성 변화를 추적한 결과, 이민지에서의 체류 기간이 길어질수록 장내 미생물 군집의 다양성이 줄어들고 프레보텔라와 식이 섬유 분해 효소는 감소하며 박테로이데스가 증가하는 것을 알 수 있었다. 이러한 변화는 이민자 2세대에서 더 심화되는 것으로 나타났다.

　　그러나 이민 1세대가 식단 변화로 겪게 된 장내 미생물 군집의 조성 변화는 2세대에 이르러 한층 심화되는 경향을 보였다. 이 차이를 설명하기 위해 스탠퍼드대의 에리카 소넨버그와 저스틴 소넨버그는 정상적인 장내 미생물 군집을 가진 1세대 쥐에게 프리바이오틱스 함유량이 매우 적은 식사를 제공하고 이후 2~3세대 쥐에게 같은 식단을 제공한 뒤 4세대 쥐에게 다시 프리바이오틱스가 풍부한 식사를 제공하는 실험을 했다. 그 결과 1세대가 보유했던 장내 미생물 군집의 다양성이 한번 망가진 채 다음 세대로 전해지면 두 번 다시 회복되지 않는 것으로 나타났다. 앞서 살펴보았듯 생애 초기의 장내 미생물 조성이 평생을 좌우하기 때문이다.

한두 종류의 미생물이 인간의 몸 전체에 미치는 영향력은 크지 않다. 지구의 생태계를 건강하게 유지하는 토대가 생명의 다양성이듯, 장내 미생물 생태계에서도 다양성이 중요하다. 이러한 다양성을 지키기 위해 우리가 할 수 있는 일은 장내 미생물에게 좋은 먹거리를 공급하는 것이다. 그러나 현대인은 우리 몸이 요구하는 프리바이오틱스 필요량의 15~20퍼센트 정도만 섭취하고 있다. 나머지 70퍼센트 이상은 그다지 몸에 이롭지 않은 음식들로 채워진다.

우리 주변에는 놀라울 정도로 다양한 미생물이 살고 있다. 아직 인간은 미생물의 세계에 대해서 모르는 게 너무 많다. 이제까지 발견된 모든 미생물들과 완전히 다른 종류의 미생물이 계속해서 발견되고 있다.

미생물 연구자들은 미생물의 가장 신기한 특성으로 이들이 보유한 절묘한 공생의 기술을 꼽곤 한다. 미생물은 새로운 형질을 획득하기 위해 염기 서열의 일부를 서로 교환하기도 하고, 환경의 변화에 적응한 돌연변이 유전자를 다른 미생물에게 대가 없이 전달하기도 한다. 더 나쁜 미생물의 공격을 막기 위해 덜 나쁜 미생물과 손을 잡고, 만난 적이 없던 미생물과도 짧은 시간

내에 공진화를 하며 서로를 보호한다. 심지어 연구자들이 생존에 반드시 필요한 두 가지 성분을 각각 생성할 수 없도록 조작한 두 미생물을 한데 두니 어느새 서로를 관으로 연결해 필요한 성분을 주고받으며 살아남기도 했다.

인간이 미생물과 공생하지 않고 살아갈 수 없다면 우리는 그들에게 좋은 숙주가 되어주어야 한다. 미생물은 호혜적인 숙주에게 기대 이상으로 많은 것을 나눠주는 존재다. 반대로 미생물의 고마움을 잊고 온갖 해를 끼치는 숙주와의 공생 관계는 빠르게 청산할 줄도 안다.

인도양의 외딴 섬 모리셔스에 서식하던 도도새는 인간이 섬에 상륙한 지 100년 만인 1681년에 멸종했다. 그리고 300년 후 한때 모리셔스 섬에 번성했던 칼바리아 나무가 멸종 위기에 처했다는 소식이 전해졌다. 원래 칼바리아 나무와 도도새는 공생 관계였다. 나무는 도도새가 좋아하는 열매를 맺고 도도새는 열매를 먹고 씨앗을 배설해 나무의 번식을 도왔다. 칼바리아 나무의 수명은 300년. 도도새가 사라지고 300년이 지나자 칼바리아 나무는 최후의 세대 몇 그루만 남았다. 하나의 종이 사라지면 그와 공생하던 다른 종도 따라서 몰락하게 마련이다.

유전자가위, 신의 도구인가

진화의 방향을 바꾸다

옥자가 나타났다

봉준호 감독의 영화 〈옥자〉의 주인공은 유전자 조작으로 만들어진 슈퍼돼지 옥사다. 키 2.4미터에 몸무게 6톤인 슈퍼돼지는 친환경적이며 육질이 뛰어난 미래의 먹거리로 등장한다. 옥자는 감독의 영화적 상상력이 빚어낸 가상의 동물이지만 현실에도 옥자와 비슷한 슈퍼돼지가 존재한다.

2020년 중국의 인구는 14억 4000만 명을 넘어섰다. 세계 인구의 18퍼센트에 해당하는 사람들을 어떻게 먹여 살릴까 하는 문제는 중국 정부의 핵심 현안 가운데 하나다. 오늘날 중국인의 식단에서 높은 비중을 차지하는 품목으로 돼지고기를 들 수 있다. 중국의 연간 돼지고기 소비량은 전 세계 소비량의 50퍼센트에 이른다. 돼지 가격이 출렁이면 물가가 불안정해지고 실물

"환경 파괴를 최소화하고 사료도 조금 먹고 배설
물도 적게 배출합니다. 무엇보다 맛이 죽여줘요!"
– 〈옥자〉 중에서

경제에 미치는 영향 또한 크다. 아프리카돼지열병으로 축산 농
가의 돼지 사육에 큰 타격을 입은 2019년에는 소비자물가지수
가 급등하기도 했다. 이에 중국 정부는 돼지고기 공급 안정화를
이루고자 수년간 슈퍼돼지 개발에 총력을 기울였다.

2015년 한국과 중국 공동 연구팀은 돼지의 근육 성장을 막
는 유전자를 제거해 지방은 줄이고 근육과 단백질 양을 늘린 슈
퍼돼지를 만드는 데 성공했다. 모든 동물에게는 근육 생성을 억
제하는 마이오스타틴[MSTN]이라는 유전자가 있는데, 연구진은 이
유전자를 선택적으로 제거하는 유전자 편집 기술을 사용해 슈
퍼근육돼지를 만들었다.

현실판 옥자가 본격적으로 뉴스에 등장하기 시작한 것은
2019년의 일이다. 중국의 한 농장에서 몸무게 500~750킬로그

램에 몸길이가 2미터에 이르는 거대 슈퍼돼지를 사육하고 있다는 소식이 전해졌다. 이 돼지는 중국 정부의 동물연구소에서 유전자 편집으로 개발한 실험용 종자였다. 연구진은 보통 돼지보다 크고 살찐 돼지를 보다 저렴한 비용으로 쉽게 사육할 수 있는 종으로 개량했다.

돼지는 추울 때 체온 조절에 어려움을 겪어 집단 폐사를 하는 경우가 많기에 축사의 난방에 각별히 신경을 써야 한다. 이는 지방을 태워 열로 전환해 체온을 조절하는 유전자^{UCP1}가 제 기능을 발휘하지 못하기 때문이다. 연구진은 크리스퍼 유전자가위를 활용해 돼지의 지방세포에 체온 조절 유전자를 끼워 넣은 돼지 배아를 만들었다. 이렇게 태어난 돼지는 스스로 체온을 조절할 수 있으므로 저체온증으로 죽는 경우가 현저하게 줄어든다. 또한 제 지방을 태워 열을 내기 때문에 일반 돼지에 비해 지방이 24퍼센트가량 적은 고단백 저지방 슈퍼돼지로 성장한다.

생물이 자연스럽게 환경에 적응하도록 유도하는 진화의 메커니즘은 오랜 시간에 걸쳐 서서히 진행된다. 지난 38억 년 동안 생명의 연대기는 세포의 복제 과정에서 우연히 돌연변이가 발생하고 해당 돌연변이 개체가 환경압에서 더 잘 살아남아 후손에게 유전자를 남기는 방식으로 흘러왔다.

영국의 진화생물학자 리처드 도킨스는 생물 진화의 주체는 유전자이며 생물체는 모두 유전자의 자기 복제 욕구를 충족시키기 위해 만들어진 생존기계라고 말했다. 유전자의 입장에서

볼 때 생존기계(개체)의 죽음은 자신의 생존과 직결되어 있다. 그렇기에 유전자는 개체가 오래오래 생존하고 번식에 성공할 수 있도록 온갖 기능을 제공하고, 살아남은 유전자의 결과물이 누적되어 진화가 발생한다. 즉, 현재 시점에서 개체가 보유한 유전자들은 진화적으로 가장 안정된 세트인 셈이다.

돼지의 체온 조절 유전자가 비활성화된 것은 약 2000만 년 전 돼지의 조상이 열대 또는 아열대 기후 지역에서 살기 시작하면서 굳이 체온 조절을 할 필요가 없어졌기 때문이다. 체온 조절 유전자를 가진 슈퍼돼지의 탄생은 보통의 돼지가 생존에 불필요하다고 판단해 도태시킨 요소를 단시간 내에 인위적으로 되살려냄으로써 돼지 유전자가 향하던 진화의 방향을 억지로 비튼 행위에 해당한다. 이러한 행위가 진화적 안정을 이룬 돼지 유전자의 구성에 어떤 영향을 미칠지, 향후 돼지의 생존과 안녕에 청신호를 켤지 적신호를 켤지는 알 수 없다.

더군다나 이 같은 방식으로 바꿀 수 있는 것은 돼지의 유전자뿐만이 아니다. 슈퍼돼지를 만들어낸 유전자 도구는 모든 생명체의 연대기에 새로운 역사를 덧붙여 써 내려갈 것이다. 그 도구가 인간의 유전자를 겨냥한다면 인간 진화의 연대기는 어디로 나아가게 될까?

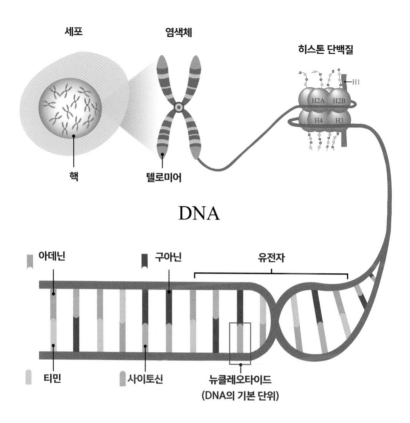

세포　　　염색체

핵　　　텔로미어

히스톤 단백질

H1

H2A　H2B

H4　H3

DNA

아데닌　　구아닌　　유전자

티민　　사이토신　　뉴클레오타이드
　　　　　　　　　　　(DNA의 기본 단위)

인간의 세포에는 23쌍의 염색체가 들어 있다. 염색체는 단백질과 이를 돌돌 말고 있는 DNA로 이루어진다. DNA는 두 가닥 사슬이 꼬여 있는 나선형 구조를 띠며 두 가닥 사슬 사이에 네 종류의 핵염기가 맞붙어 있다. 이 염기쌍들이 모여 하나의 유전정보를 구성한 것을 유전자라고 하며, DNA는 유전자의 본체에 해당한다. 인간의 DNA에서 유전정보를 담고 있는 부위는 약 3퍼센트에 불과하고 나머지는 무작위로 나열된 비부호화 염기 서열로 이루어져 있다.

유전자의 구조와 역할

유전자 도구를 이해하기 위해서는 먼저 유전자의 기본 구조를 알아야 한다. 인간의 몸은 30~40조 개의 세포로 이루어져 있으며 하루에만 3300억 개의 세포가 만들어지고 사라져간다. 세포의 핵에는 23쌍의 염색체chromosome가 들어 있는데, 염색체라고 하면 흔히 떠올리게 마련인 X자 형태는 세포분열 시에만 나타나는 것으로 평소에는 실처럼 흩어져 있는 상태다. 염색체는 히스톤histone 단백질과 이를 돌돌 말고 있는 디옥시리보핵산DNA으로 이루어진다. DNA는 사다리를 나선형으로 비틀어놓은 듯한 이중나선 구조를 이루며 두 가닥 사슬 사이에 아데닌A, 구아닌G, 티민T, 사이토신C의 네 종류 핵염기가 두 개씩 염기쌍을 이루며 맞붙어 있다.

세포핵에 있는 23쌍의 염색체에는 약 30억 개의 염기쌍이 흩어져 있다. 우리 몸을 구성하는 세포의 수에 각 세포의 염기쌍 개수를 곱하면 우리 몸을 이루고 있는 염기쌍이 얼마나 되는지 어림잡을 수 있다. 그러나 염기가 아무리 많아도 특정 순서로 연결된 염기 서열을 이루지 못하면 의미가 없다. 평균 6000여 개의 염기쌍을 조합해 하나의 유전정보(유전형질의 기본 단위)를 구성한 것을 유전자gene라고 하며, 인체에는 약 2만 5000개의 유전자가 있다. 세포 하나에 들어 있는 30억 개의 염기쌍 가운데 유전정보를 담고 있는 것은 5000만~2억 5000만 개 정도이다.

진핵세포의 DNA 염기 서열 중에서 단백질을 합성할 수 있는 부분을 엑손exon이라 하고, 그 외에 단백질 합성에 관여하지 않는 부분을 인트론intron이라고 한다. 단일한 생명체의 전체 염기 서열을 유전체genome라고 부르는데, 인간의 유전체 가운데 유전자가 차지하는 비율은 3퍼센트에 불과하고 나머지는 무작위로 나열된 비부호화 염기 서열이다.

그렇다면 유전자는 우리 몸에서 어떤 역할을 하는 것일까? 30억 개의 염기쌍으로 이루어진 DNA에서 하나의 유전정보를 담당하는 유전자는 자신의 스위치가 켜지기를 기다린다. 해당 유전자의 스위치가 켜지면 DNA는 히스톤 단백질을 감고 있던 두 가닥의 사슬을 풀어 유전정보를 복제한 외가닥의 RNA 사슬을 만든다(전사). 이 RNA 사슬은 핵에서 빠져나와 유전자의 명령을 수행할 단백질을 합성한다(번역).

DNA는 우리 몸에서 기관을 이루거나 기능을 수행하는 수만 개 단백질의 종합 설계도 원본에 해당한다. DNA의 원본 설계도를 복사한 RNA의 핵심 역할은 설계도에 따라 작업할 일꾼(단백질)을 만드는 것이다. 유전자가 발현되었다고 말할 때 이는 DNA에서 RNA로 전사가 이루어지고 그 RNA가 단백질을 합성하는 과정을 통칭한다. 이때 원본 설계도의 일부가 누락되거나 뒤바뀌면서 결함을 지닌 단백질이 생성되는 것을 유전자 돌연변이라고 한다.

최근 들어 유전자 돌연변이가 일어나지 않은 상태에서도 유전자 발현을 조절하는 후성유전에 대한 관심이 높아지고 있다. 이는 유전자의 염기 서열에는 변화가 없지만 특정 성분의 유전자 꼬리표가 유전자의 발현을 강화하거나 방해하는 현상을 가리킨다. 유전자가 동일한 암벌 유충 가운데 로열젤리를 먹고 자란 쪽은 여왕벌이 되고 꿀을 먹고 자란 쪽은 일벌이 된다. 로열젤리에 들어 있는 특정 성분이 유전자 꼬리표로 기능해 암벌의 유전자 발현을 조절한 것이다.

2019년 미국항공우주국NASA에서는 일란성 쌍둥이 형제를 1년간 우주와 지구에 떨어뜨려놓고 신체의 변화를 조사했다. 그러자 유전자 자체에는 변화가 없었으나 우주정거장에 1년간 머문 쪽의 유전자 가운데 1400여 개의 발현 양상이 달라졌음을 확인할 수 있었다. 유전자 꼬리표는 RNA의 전사 과정에 관여하며 그로 인해 합성되는 단백질이 늘어나거나 줄어드는 결과를 낳는다. 이처럼 외부 환경의 영향을 받아 달라붙거나 떨어져간 유전자 꼬리표는 다음 세대까지 유전된다. 후성유전학이 등장하면서 그동안 암의 원인이 유전자 돌연변이라고만 생각했던 연구자들 가운데 유전자 꼬리표로 시선을 돌리는 사람들이 늘고 있다.

유전자 변형인가 편집인가

　　슈퍼근육돼지는 근육 성장을 억제하는 마이오스타틴 유전자를 제거한 후 인공수정을 통해 만들어진다. 이러한 유전자 편집 과정에 쓰이는 도구가 바로 유전자가위다.

　　유전자가위는 특정 유전자의 염기 서열을 찾아내 그 부분을 절단할 수 있다. 일부분이 제거된 유전자는 재조합, 복구, 변형 과정을 거쳐 새로운 유전정보를 구성한다. 이렇게 해서 바뀐 돼지의 형질은 다음 세대에 유전된다. 유전자 편집 기술은 문제

유전자가위는 특정 유전자의 염기 서열을 찾아내 그 부분을 잘라낸다. 유전자는 잘린 부위를 재조합하고 복구하고 변형함으로써 새로운 유전정보를 구성하는데, 이렇게 해서 바뀐 형질은 다음 세대에도 이어진다.

를 일으키는 특정 유전자를 제거해서 작용을 중단시킬 뿐만 아니라 이후 태어나는 후손들의 유전정보까지 교정함으로써 원천적으로 문제를 없앤다.

유전자 편집 돼지는 축산업의 고질적 문제인 바이러스성 전염병을 예방하는 데 혁신적인 기여를 했다. 동물생명공학 분야의 선두주자인 영국의 로슬린 연구소에서는 2018년 돼지생식기호흡기증후군^{PRRS}에 면역력이 있는 돼지를 개발했다. 돼지 생식기호흡기증후군은 임신 중인 어미 돼지에게 호흡기 장애를 일으키고 유산, 사산, 조산하게 만드는 심각한 바이러스성 전염병이다. 이 병으로 매년 미국에서만 7400억 원의 피해가 발생한다. 연구를 이끈 크리스티네 부르카르트는 실험 돼지의 PRRS 면역력이 99.99퍼센트에 가까운 완전 면역 상태에 도달했으며 5년 내에 항-PRRS 베이컨을 먹게 될 것이라고 자신했다.

일부에서는 유전자 편집 기술이 돼지의 건강과 농가의 생산성을 높이는 데에는 기여하겠지만 유전자변형생물^{GMO}과 유사한 문제를 일으키지는 않는지 좀 더 지켜봐야 한다는 이야기도 나오고 있다. 1990년대 초 기존의 품종에 다른 품종의 DNA를 재조합해서 새로운 품종을 만드는 기술을 적용한 유전자변형 콩이 처음 시판되었다. 이후 옥수수, 토마토 등 식물뿐만 아니라 돼지, 연어에 이르기까지 다양한 GMO 식품이 출시되었다. 그러나 몇몇 GMO 식품을 장기간 섭취한 동물을 대상으로 한 실험 결과 독성이나 알레르기 반응이 나타나 안전성 문제가 제기되었다.

유전공학에서 정확한 용어를 사용하는 것은 매우 중요한 일이다. 유전자변형작물은 인위적으로 기존의 품종에 다른 품종을 결합해 새로운 품종으로 개조한 것이고, 유전자편집작물은 결함을 일으키는 일부 유전자를 제거해 동일한 품종을 개선한 것을 말한다. 유전자가위 기술이 발전하면서 유전자 편집과 유전자 교정이라는 용어 사용을 두고 논란이 일어났다. 연구자들은 국제 용어를 번역할 때 'editing'을 편집이 아닌 교정이라고 옮기는 쪽을 선호했다. 이 기술이 32억 쌍의 염기 중많아야 몇만 쌍 정도를 일부 수정하는 것에 불과하고 유전자를 바로잡아 유전병을 치료하기 위한 것이므로 편집보다 교정(correction)이라고 표현하는 편이 더 정확하다는 주장이었다. 그러나 기술의 발전으로 한 번에 대규모의 유전자 변경이 가능해짐에 따라 '교정'이라는 용어가 지나치게 긍정적으로 해석될 수 있다는 우려를 받아들여 유전자/유전체 편집이라는 용어를 일반적으로 사용하게 되었다.

또한 GMO 작물의 내성이 높아서 보다 독한 농약을 사용해야 하므로 GMO 작물 재배가 기존의 유기농업에 피해를 입히며 생태계를 교란한다는 불만이 쏟아졌다. GMO 유전자 특허 등록이 가능해진 후로는 종자 독점 문제가 불거지기도 했다. 소비자들의 반대 여론이 높아짐에 따라 한때 '제2의 녹색혁명'이라고까지 불렸던 유전자변형작물은 유전자 변형의 위험성을 대표하는 '프랑켄슈타인 식품'이라는 오명을 떠안게 되었다. 오늘날 해외 주요 국가에서는 GMO 여부 의무 표시 규정을 두고 있으며 허용하는 작물의 종류에도 제한을 두고 있다.

연구자들은 유전자 편집 기술이 기존에 없던 종을 만들어내는 유전자 변형과 달리 유전자가위를 사용해 표적이 된 동일 종 자체의 특정 유전자를 찾아 제거하거나 유전자 염기 서열 일부를 교체하는 기술이므로 GMO를 둘러싼 안전성 문제와는 근본적으로 거리가 있다고 주장한다. 그렇다면 인위적으로 유전 정보를 바꾼 식품을 먹어도 정말로 괜찮을까? 이러한 우려에 대해 PRRS 면역 돼지를 만든 부르카르트는 자신 있게 답한다.

"유전자를 편집한다고 해서 생리적인 변화가 일어나는 것은 아닙니다. 똑같은 돼지예요. 자연적인 품종 개량의 단계를 가속화한 것뿐이니까요. 유전자를 이식한 게 아닙니다. GMO를 만들 때처럼 박테리아성 유전자를 투입하지도 않아요. 유전자 편집 과정을 거친 돼지를 먹는 일은 전혀 위험하지 않습니다."

육종, 진화를 가속해서 얻은 것

우리는 자연 상태에서 무작위적인 유전자 변이가 일어나고 그 돌연변이가 후손에게 전해짐으로써 진화라는 결과를 낳는다는 사실을 알고 있다. 오늘날의 생명공학 연구자들이 유전자 치료나 유전자 편집을 할 수 있게 된 것은 이러한 돌연변이 메커니즘을 응용한 성과다.

1850년대 그레고어 멘델이 유전형질을 결정하는 두 개의 인자가 존재한다는 사실을 밝혀내면서 유전학이 탄생했고, 1909년 빌헬름 요한센은 이를 '유전자'라고 명명했다. 1953년부터 본격적인 유전자 지도 연구가 이루어지기 시작해, 인간 유전자의 모든 염기 서열 판독을 목표로 삼은 '게놈 프로젝트'가 완료된 것은 2003년의 일이다. 이 모두가 채 200년도 되지 않는 기간 동안 이루어졌다.

그러나 인류는 유전자의 개념을 인지하기 훨씬 전부터 유전자 돌연변이를 통한 자연선택에 적극적으로 개입해왔다. 지금으로부터 1만 년 전 농사를 짓고 가축을 기르기 시작한 이후로 인간은 끊임없이 농작물의 유전적 변이를 자극해왔다. 같은 식물 종 중에서 보다 병충해에 강한 품종과 보다 생산량이 많은 품종을 선택적으로 교배함으로써 품종을 개량하는 '육종'은 자연선택이 아닌 인간선택의 수단이다. 오늘날 우리가 먹는 식물의 99퍼센트는 육종으로 품종을 개량한 것이다.

시중에서 판매하는 바나나에는 씨앗이 없지만 야생의 바나나는 과육 속에 검고 단단한 씨가 잔뜩 박혀 있어서 먹기 곤란하다. 바나나는 밀이나 쌀과 더불어 가장 오랜 역사를 지닌 작물로 품종 수가 천여 종에 이른다. 그중 씨앗이 없는 바나나는 복잡한 육종 기술을 동원해 개발해낸 품종이다. 먹기에 편하고 맛도 좋지만 곰팡이나 세균의 공격에 극도로 취약하다는 단점이 있다.

오늘날 씨앗 없는 바나나는 캐번디시 품종만이 남아 있다. 1950년대까지는 그로 미셸이라는 품종이 있었다. 그로 미셸은 바나나 나무를 공격해 짧은 시간 내에 완전히 고사시키는 것으로 악명이 높은 파나마병으로 멸종했다. 캐번디시 역시 변종 파나마병에 취약한 모습을 보인다. 이 질병이 한번 휩쓸고 지나간 땅에는 새 바나나 나무를 심어도 잘 자라지 않는다. 캐번디시 바나나는 무성생식 식물이라 뿌리를 잘라 옮겨 심어야 번식이 가능하고 교배 자체가 불가능하기에 유전자 편집 외에는 품종 개량을 앞당길 방법이 없다.

동물의 경우에도 육종이 이루어지는데 대표적 사례로 개를 들 수 있다. 늑대에서 진화한 개는 생물학적으로 단일 종인 회색 늑대Canis lupus지만 인간이 선택적으로 교배함에 따라 견종이 매우 다양해졌다. 현재 세계애견연맹에서 공인하는 견종만 340종 가까이 된다. 개는 털 유전자가 조금만 달라도 털의 색깔, 부드러움, 길이 등에서 눈에 띄는 차이를 드러낸다. 서너 세대만 교배해도 이전에 없던 특징을 지닌 새로운 견종이 생겨날 수 있다.

육종 과정이 쉬운 탓에 인간의 취향에 맞춰 방만하게 시행된 품종 개량은 많은 부작용을 낳았다. 불도그는 코끝을 짧게 개량하는 과정에서 치열이 불규칙해지고 안구가 돌출되었으며 잦은 호흡곤란 문제를 떠안게 되었다. 또한 소형견에 대한 사람들의 선호 때문에 근친교배로 태어난 작은 개들은 슬개골 탈구나 뇌수두증과 같은 유전적 결함으로 고통받으며 수명도 짧다.

초창기의 육종은 자연적으로 일어나는 돌연변이와 품종이 다른 암수 교배에 의존했다. 식물의 경우에는 좋은 품종의 꽃가루를 받아 다른 작물의 꽃에 수정하는 방식이었다. 이런 방법으로는 새로운 품종을 만들어도 그 품종이 뿌리내리도록 하는 데 오랜 시간이 걸렸다. 이에 사람들은 자연적인 돌연변이가 일어나길 기다리지 않고 방사선이나 X선, 화학물질을 사용해 무작위로 돌연변이를 일으킨 다음 그중에서 유용한 품종만을 골라 경작하고자 했다. 그러나 여기에도 적지 않은 시간과 노력이 들었다.

1953년 제임스 왓슨과 프랜시스 크릭이 DNA 이중나선 구조를 발견하고 유전자의 형질 연구가 본격적으로 시작된 후로 인간에게 필요한 유전자를 인공적으로 분리하고 재조합함으로써 유용한 유전형질을 조작하고 가공할 수 있는 유전공학 기술이 등장했다. 이러한 유전공학 기술을 농작물의 품종 개량에 적극적으로 활용한 결과물이 앞서 이야기한 유전자변형작물이다.

최근 농업 분야에서는 유전자 편집 실험이 활발히 진행되고 있다. 국제기관인 유전체교정연구단은 DNA 형태의 유전자

찻잔에 들어갈 정도로 작은 티컵 강아지는 인형처럼 깜찍한 외모로
사람들의 사랑을 받는다. 이들은 치와와나 요크셔테리어 같은 소형
견 중에서도 유독 몸집이 작고 허약한 강아지를 교배한 결과로 탄생
했다. 그러다 보니 유전적 질환이 많고 각종 질병에 취약해서 수명이
짧고 버림받는 경우가 잦다.

가위가 아닌 신형 유전자가위를 이용해 콩에서 혈압과 콜레스테롤 수치를 낮추는 불포화지방산 올레산을 리놀레산으로 바꾸는 유전자FAD2를 제거함으로써 콩의 올레산 함량을 높이는 데 성공했다.

또한 이들은 멸종 위기에 놓여 있는 캐번디시 바나나가 곰팡이 균에 저항력을 갖도록 개량하는 연구를 진행 중이다. 바나나의 유전체는 전부 해독이 끝난 상태이므로 곰팡이 균에 취약한 부분을 표적으로 삼아 유전자를 편집할 수 있다. 하지만 내성을 지닌 바나나 개발에 성공한다고 해도 그 바나나가 우리 식탁 위에 올라올 수 있을지는 미지수다.

일부 시민 단체에서는 유전자가위로 편집한 품종 역시 유전자를 변형시킨 것이니 'GMO 2.0' 또는 '유전자가위편집작물'이라 불러야 한다고 주장하고 있다. 2018년 유럽 사법재판소에서는 유전자가위 작물이 '2001 GMO 지침'에 따라 규제 대상이 된다는 판결을 내리기도 했다. 2001 GMO 지침은 "전통적인 방식(방사선 육종법 포함)과 달리 부자연스러운 방식으로 유전자 돌연변이를 유발해 생산한 농산물을 GMO 작물로 규정하며, GMO 작물은 인체 건강과 환경 영향의 위험성을 평가하고 규제하는 절차에 따라야 한다"라고 규정하고 있다. 미국 농무부와 식품의약국에서는 유전자가위를 세포 내부로 투입할 때 DNA를 지닌 바이러스 기반의 매개체를 사용하므로 외래 DNA가 유기체 내에 삽입되었는가에 따라 GMO 여부를 판정하고 있다.

캐번디시 바나나의 멸종 위기에 맞서 변종 파나마병 내성 바나나를 연구하는 학자들이 있지만, GMO에 대한 대중의 공포와 정부 규제 때문에 연구에 큰 진전이 없는 상태다.

한편 지난 몇 년 사이 유전자가위에 대한 연구가 활발해지면서 또 다른 목소리도 들려오고 있다. 많은 사람들이 좋아하는 라면, 파스타, 쿠키, 케이크 등의 음식은 모두 밀가루로 만들어진다. 밀가루를 반죽해 빵을 굽고 면을 뽑을 수 있는 것은 밀가루에 들어 있는 글루텐 단백질 덕분이다. 하지만 밀가루 음식을 먹고 알레르기를 일으키거나 소화 장애, 두통 등 부작용을 겪는 사람이 적지 않은데 그 주범이 글루텐이라는 논란이 있다. 또한 전세계 인구 가운데 1~2퍼센트는 글루텐에 대한 민감성이 높아 자가면역질환으로 복통을 일으키는 셀리악병을 앓고 있다.

옥수수, 쌀과 더불어 3대 식량 작물로 꼽히며 전 세계 식량의 20퍼센트를 차지하는 중요 곡물인 밀의 글루텐 함량을 줄이려는 연구는 꽤 오래전부터 이어져왔다. 2018년 전 세계 연구자 2400여 명이 참여한 국제밀게놈분석컨소시엄IWGSC에서 13년 만에 밀의 게놈이 해독되었다는 발표가 있었다(밀은 교잡을 반복하는 과정에서 사람의 몇 배나 되는 복잡한 게놈을 갖게 되었다). 글루텐을 섭취했을 때 소화를 방해하는 유전자와 과민성 쇼크를 일으키는 유전자 등 인체에 부작용을 일으키는 유전자 800여 개가 밝혀졌고, 연구자들은 이제 유전자 편집 기술을 활용해 사람들이 안전하게 밀가루를 섭취할 방법을 마련할 수 있을 것이라며 환호했다. 하지만 더 맛있고 먹기 좋고 생산하기 편한 품종에 GMO라는 표시를 붙여야 하는 이상, 이들 앞에는 몇십 년간 켜켜이 쌓여온 GMO에 대한 대중의 저항감을 극복해야 한다는 어려운 숙제가 기다리고 있다.

안심하고 먹을 수 있는 밀과 질 좋은 슈퍼돼지를 연구하는 사람들의 궁극적인 목표는 이 기술을 응용해 인류가 안고 있는 질병과 관련된 해법을 찾아내는 것이다. 이미 현대 의학은 유전자 분석을 토대로 질병을 예측하고 유전자를 편집해 치료할 수 있는 단계에 돌입했다.

눈에 보이지도 잡히지도 않는 유전자를 편집한다는 건 실제로 어떤 일일까? 돈 많은 다국적 기업이나 정부 지원을 받는 연구소에서나 사용할 수 있었던 유전자 편집 기술이 스타트업

회사나 소규모 연구팀, 대학 동아리에서도 활용되어 새로운 성과를 일구어낼 수 있게 된 것은 크리스퍼 유전자가위가 등장한 이후의 일이다. 유전공학 분야의 후발 주자인 우리나라 연구팀도 세계 무대에 올라설 기회를 열어준 21세기의 가장 혁신적인 생물학 도구에 대해 알아보자.

생명을 편집하는 도구

"죽음은 우리 모두의 숙명입니다. 아무도 피해갈 수 없어요. 그래야만 합니다. 왜냐하면 죽음은 삶이 만든 최고의 발명품이니까요. 죽음은 변화를 만들어냅니다. 새로운 것이 헌 것을 대체할 수 있게 해줍니다."

스마트폰 혁명을 주도한 애플의 창업자 스티브 잡스가 향년 56세로 사망했다는 소식이 2011년 전 세계에 전해졌다. 그를 죽음으로 이끈 것은 췌장암이었다. 세계적인 기업가였던 잡스를 살리기 위해 현대 의학 기술이 총동원되었지만 잡스 자신이 말한 대로 죽음을 피할 수는 없었다.

당시에 만약 유전자 치료가 가능했다면 어떤 일이 일어났을까? 문제를 일으킨 유전자를 건강한 유전자로 바꿀 수 있었다면 말이다. 실제로 잡스는 죽기 전에 자신의 유전체 정보를 전부 해독해서 치료법을 찾으려고 했다. 일설에 따르면 췌장암을 유

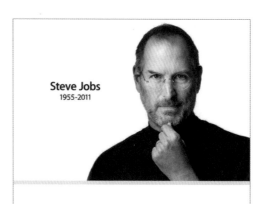

애플 홈페이지에 올라온
스티브 잡스의 부고

발한 변이 유전자를 발견했지만 당시 기술로는 치료할 방법이 없었다고 한다. 그리고 몇 년 지나지 않아 잡스가 그토록 원했던 도구, 크리스퍼 유전자가위가 세상에 나왔다.

　유전자의 원리를 밝히면 유전병을 치료할 수 있을지도 모른다는 희망이 사람들의 가슴속에 처음 싹튼 것은 1970년대의 일이다. 유전자 치료의 기본 원리는 손상된 세포에서 결함이 있는 유전자를 잘라내고 정상적인 유전자로 교체해 세포가 제 기능을 하게 만드는 것이다. 초창기의 유전자 치료는 치료라기보다 확률 실험에 가까웠다. 세포 안으로 침투하는 능력이 탁월하면서도 안전한 바이러스에 정상 유전자를 실어 보내 요행으로라도 좋은 결과가 있기를 바라는 수준에 불과했다. 이후 제한효소

유전자가위, 신의 도구인가

를 활용해 DNA의 이중나선을 자르고 재조합하는 원리를 알아 냈지만 인식 부위가 염기 6~8개 정도에 지나지 않아 섣불리 인체에 적용했다가는 게놈 전체를 산산조각 낼 위험성이 있었다.

1980년대 중반에 특정 DNA 염기 서열과 결합하는 단백질이 무엇인지 밝혀졌다. 1996년 찬드라세카란은 이 단백질을 제한효소와 결합해 특정 부위를 자르도록 하는 1세대 유전자가위 징크핑거뉴클레이즈^{ZFN}를 만들어 최초로 유전자 편집에 성공했다. 1세대 유전자가위는 인식 부위가 18개 염기쌍에 이르러 인간의 유전체 중 단 한 곳만 자를 수도 있는 정밀한 도구였다. 그러나 6개월에 걸쳐 100개 정도를 만들어야 간신히 쓸 만한 것 하나를 건질 수 있을 정도로 제작하기 어렵고 비쌌으며 성능도 떨어졌다.

그보다 더 안정적이면서 쓸모 있는 2세대 유전자가위는 2010년에 등장했다. 2세대 유전자가위 탈렌^{TALEN}은 18~20개의 염기 서열을 보다 정밀하게 인식하는 DNA 결합 단백질^{TALE}을 이용해 제작되었다. 별도의 가공 없이도 DNA 염기 서열을 인식할 수 있고 원숭이 유전자를 편집하는 데도 성공해 큰 주목을 받았다. 그 상태로 2세대 유전자가위가 혁신적인 생물학 도구의 지위에 오르나 싶었지만 제 기량을 다 선보이기도 전에 차세대 주자에게 역전당했다(그렇다고 해서 1, 2세대 유전자가위가 무용하다는 것은 아니다. 3세대 유전자가위의 시장 점유율이 압도적으로 높을 뿐 앞선 세대 유전자가위의 시장 규모도 매년 15퍼센트씩 성장하고 있다).

처음 스위스 군용칼이 장교를 위한 한정판으로 출시되었을 당시에는 별다른 반향이 없었다. 2차 세계대전 무렵 병사들도 쉽게 이를 손에 넣을 수 있게 되면서 인기를 얻었고, 1980년대 미국 드라마에서 맥가이버가 이 칼을 온갖 방법으로 활용하며 깊은 인상을 남긴 후로 만능 칼의 지위를 얻었다. 유전자가위도 마찬가지다. 구하기 쉽고 저렴하며 용도가 다양해야 시장을 지배할 수 있다.

1980년대 스페인의 미생물학자 프란시스코 모히카는 염전에 사는 미생물의 게놈을 분석하다가 특이한 패턴을 발견했다. 일정한 간격으로 반복되는 짧은 회문 구조(앞뒤가 동일한 염기 서열로 이루어진)와 그사이에 끼어 있는 무작위적인 서열(스페이서)의 집합체였다. 이를 '크리스퍼CRISPR'라고 명명한 모히카는 크리스퍼 염기 서열이 박테리아를 공격하는 바이러스의 염기 서열과 완벽하게 일치하다는 사실을 확인하고 2005년에 발표한 논문에서 크리스퍼와 면역체계가 관련되어 있으리라는 예측을 내놓았다.

모히카의 예측이 사실로 확인된 것은 의외의 장소에서였다. 2007년 유럽의 식품회사 다니스코는 요구르트를 만드는 유산균이 박테리오파지 바이러스에 감염되어 떼죽음을 당하는 문제를 연구 중이었다. 이 회사에 소속된 미생물학자 필리프 오르바트와 로돌프 바랑구 연구팀은 바이러스의 공격에서 살아남은 유산균으로부터 외부 바이러스에 대한 저항력을 키워주는 크리스퍼를 발견했다. 면역력을 갖게 된 유산균은 크리스퍼의 반복 서열 사이에 바이러스의 DNA 조각(스페이서)을 저장해놓았다가 또다시 감염이 발생하면 이 정보를 표지 삼아 바이러스를 파괴했다. 마치 크리스퍼가 바이러스의 지문을 등록했다가 수상한 침입자가 나타나면 지문을 대조해 검거하는 것처럼 보였다.

이제 연구자들은 DNA 조각 지문으로 침입자를 식별하는 방법을 알아냈다. 그렇다면 바이러스의 감염은 어떻게 막아야

| 스페이서 | 반복 서열 | 스페이서 | 반복 서열 | 스페이서 |

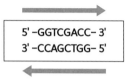

5' -GGTCGACC- 3'
3' -CCAGCTGG- 5'

회문 구조란 '다들 잠들다', '탄도유도탄', '이효리'처럼 앞뒤 어디서부터 읽든 동일하게 읽히는 문장을 말한다. DNA 염기 서열을 살펴보면 이런 짧은 회문 구조가 반복되어 나타나는 것을 알 수 있는데, 예를 들어 'GATC'라는 염기 서열은 앞의 'GA(상보 염기 CT)'에 이어 상보 염기를 거꾸로 쓴 'TC'가 등장한다. 'GGTCGACC'의 경우는 'GGTC(상보 염기 CCAG)'에 이어 상보 염기를 거꾸로 쓴 'GACC'가 나오는 회문 구조다. 이 회문 구조 사이에 'XXXXX'와 같은 스페이서가 끼어 있는데, 이 스페이서는 세균마다 다르다. 이처럼 회문 구조와 스페이서로 이루어진 크리스퍼는 미생물에서 가장 많이 발견되는 유형이다.

좋을까? 2007년 미국의 생화학자 제니퍼 다우드나는 DNA와 단백질 효소를 이용하는 기존의 유전자가위 제작 방법과 달리 DNA보다 훨씬 다루기 쉬운 RNA를 활용하는 방법을 모색했다. 그녀는 크리스퍼 RNA가 DNA를 표적으로 삼는다는 기존의 연구 결과를 토대로 크리스퍼 끝에 딸려 있는 캐스 유전자를 연구했다(2002년 네덜란드의 루트 얀센 연구팀이 크리스퍼에서 캐스 유전자를 발견했지만 그 용도까지는 알아내지 못했다).

2011년 다우드나는 크리스퍼 면역반응에서 캐스 단백질이 DNA나 RNA를 자르는 효소 역할을 한다는 사실을 밝혀냈고, 이후 프랑스의 미생물학자 에마뉘엘 샤르팡티에와 함께 유전자가위의 재료로 사용하기에 가장 적합한 캐스9 단백질을 찾아냈다. 이 캐스9 단백질과 가이드 RNA를 결합시켜 만들어낸 것이 바로 3세대 유전자가위 크리스퍼-캐스9^{CRISPR/Cas9}이다.

크리스퍼 캐스9은 크리스퍼 RNA, 캐스9 단백질, 트레이서 RNA라는 세 가지 요소로 구성된다. 크리스퍼 RNA와 트레이서 RNA를 연결해 하나의 가이드 RNA를 만들면 특정 DNA 염기서열을 자르도록 프로그래밍할 수 있다. 캐스9 단백질은 가이드 RNA의 안내에 따라 표적 DNA 염기 서열을 찾아가 달라붙은 후 잘라낸다. 잘린 DNA는 세포의 수선 능력으로 복원되기에 부작용도 거의 없다.

3세대 유전자가위는 정확도, 효율성, 비용 면에서 이전 세대의 유전자가위와는 비교할 수 없을 만큼 실용적이었다. 서울대 생명과학부 교수 이현숙은 전에는 2년이 걸렸던 실험이 3세대 유전자가위를 쓰면 일주일밖에 걸리지 않는다고 말한다. 크리스퍼 캐스9의 뛰어난 범용성 덕분에 이제는 일반인도 유전자 편집용 키트를 온라인으로 주문할 수 있게 되었다.

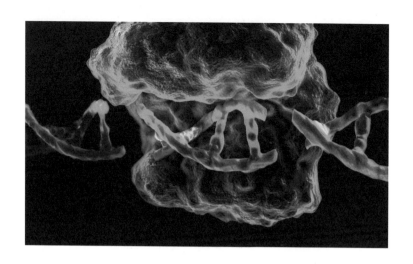

유전자 가위 캐스9 단백질은 황색포도상구균과 화농성연쇄상구균에서 분리해 얻을 수 있다. 캐스9 단백질로 하여금 DNA를 자르도록 하려면 가이드 RNA가 필요하다.

다우드나와 샤르팡티에는 이 놀라운 도구를 세상에 알린 논문의 끝머리에 "유전자 표적화와 유전자 편집에 관련해 큰 잠재력을 가진, RNA로 프로그래밍한 캐스9이라는 대안을 제시한다"라고 썼다. 노벨상 위원회는 크리스퍼 캐스9이 생명과학 기술 분야에서 일대 혁명을 일으켰다고 공언하며 이들에게 2020년 노벨 화학상을 수여했다. 마침내 인간이 생명체의 유전자 암호를 편집해서 진화의 방향을 바꿔놓을 수 있는 만능 도구를 손에 쥐게 된 것이다.

이 유전자 도구는 프로그래밍하기 쉬운 데다가 하루 만에 만들 수 있고 정확히 표적을 공략하면서 저렴하기까지 합니다!

생명의 설계자가 되어

고장 난 유전자를 편집하다

인간의 생로병사는 유전자와 긴밀하게 연관되어 있다. 유전자에 담긴 모든 정보를 해독하고 이를 조작할 수 있다면 아직까지 치료법이 밝혀지지 않았거나 완치할 수 없는 질병으로부터 해방되는 일도 꿈이 아닐 것이다. 오늘날의 유전공학은 관련 분야를 넘나들며 수많은 연구자들의 어깨를 밟고 성큼성큼 미래를 향해 나아가는 중이다. 특히 방대한 양의 데이터를 저장하고 처리할 수 있는 컴퓨터공학의 발전과 유전자 염기 서열을 분석할 수 있는 차세대 유전공학 기술의 출현에 따라 지금 껏 상상의 영역에 머물렀던 의학적 성취들이 현실 세계에서 구현되고 있다.

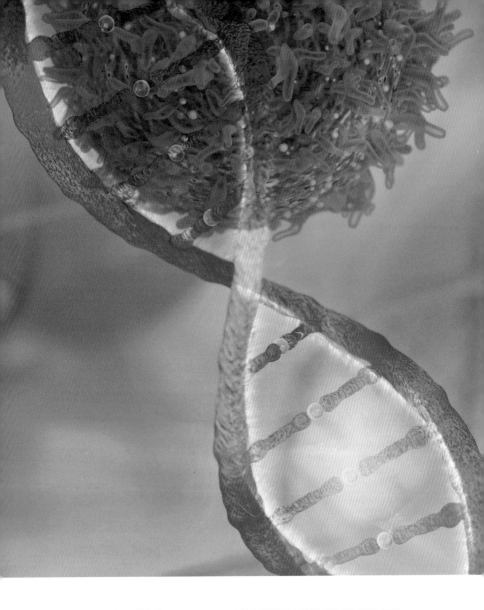

지피지기백전불태(知彼知己百戰不殆)란 상대를 알고 나를 알면 몇 번을
싸워도 위태롭지 않다는 뜻이다. 이제 사람의 유전체뿐만 아니라 암세
포의 유전자 염기 서열 분석까지 가능한 시대가 도래했다.

이러한 발전상을 잘 보여주는 사례 가운데 하나가 mRNA 유전자 치료법의 등장이다. 코로나19 바이러스의 유전자 정보가 공개되고 몇 개월 지나지 않아 개발된 인공 RNA 백신은 바로 이 mRNA 기법을 적용해 만들어졌다. mRNA 백신의 가장 큰 장점은 유전자 구조 분석과 디지털 시뮬레이션 과정이 모두 컴퓨터를 통해 이루어지기 때문에 커다란 무균 연구실과 대량의 시료와 실험동물과 방호복을 뒤집어쓴 연구자들이 필요치 않다는 것이다. 연구 설비의 규모를 획기적으로 줄일 수 있기에 더 적은 비용으로 더 쉽고 빠르게 백신과 치료제를 개발할 수 있다.

유전자 치료제를 세포핵까지 안전하게 배달하려면 병원성을 제거한 바이러스를 운반체(벡터)로 활용해야 한다. 아스트라제네카와 얀센에서 개발한 코로나19 백신은 아데노바이러스를 활용한 벡터 백신이다.

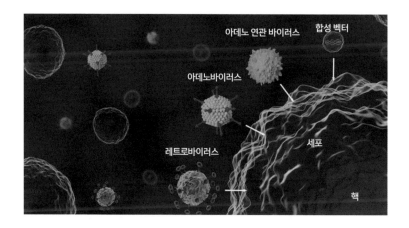

오늘날의 유전자 치료가 지향하는 방향은 크게 세 가지로 나뉜다. 첫 번째는 고장 난 유전자를 정상으로 돌리는 것이고, 두 번째는 유도만능줄기세포를 이용해 고장 난 조직을 새로 만들어 갈아 끼우는 것, 세 번째는 유전자 조작으로 면역세포를 강화해 암세포를 표적 치료하는 것이다.

고장 난 유전자를 정상으로 돌리는 유전자 치료는 돌연변이를 일으킨 유전자를 부분적으로 제거하거나, 세포핵에 정상적인 유전자를 주입해 망가진 유전자의 역할을 보강함으로써 이루어진다. 3세대 유전자 편집 도구의 놀라운 성능이 공개되자 가장 먼저 환호한 이들은 유전병을 연구하는 의학자들이었다.

선천적으로 혈액응고인자가 결핍된 혈우병 환자들은 경미한 외부 충격에도 심한 출혈을 일으킨다. 조금만 살이 쪄도 관절에 무리가 가고 운동을 하다 미세 출혈이 일어나면 관절이 손상되어 걸을 수 없게 된다. 혈우병의 원인은 X 염색체에 탑재된 8번 혈액응고 유전자의 돌연변이다. 부분적으로 혈액응고 유전자가 변형되거나 소실, 중첩되면서 혈액응고인자가 부족해 출혈이 일어난다. 혈우병 환자의 80퍼센트를 차지하는 A형 혈우병의 경우에는 겉으로 보이는 출혈보다 인체 내부의 출혈이 더 치명적으로 작용한다.

유전학자 김진수는 연세대 박철용 연구팀과 함께 A형 혈우병의 유전자 치료 가능성을 타진했다. 이들은 환자들의 8번 혈액응고 유전자를 정밀 해독하고 그 가운데 일부가 뒤집혀 있는 것을 발견했다. 이에 크리스퍼 캐스9을 이용해 뒤집힌 유전자를 찾아 잘라내자 유전자가 재조합되어 정상 유전자로 돌아오고 혈액응고인자도 활성화되는 것을 확인할 수 있었다.

2017년에는 국내에서 A형 혈우병의 치료 효과가 동물실험으로 입증되었으며, 2020년 미국에서 세계 최초로 임상 시험에 돌입해 임상 3상까지의 결과를 토대로 미국 식품의약국FDA에 승인을 요청했으나 거부되었다. 당분간은 유전자 치료와 관련해 더욱 까다로운 심사 기준이 적용될 것으로 예상되지만, 낫형 적혈구 빈혈증(겸상 적혈구 빈혈증), 근위축증, 혈색소병증, 다발경화증, 신생아호흡곤란증후군 등 수천 가지 희귀 유전병을 앓고 있는 수억 명의 환자들은 나면서부터 평생 감내해온 고통에서 머지않아 해방될지도 모른다는 희망의 끈을 놓지 않고 있다.

유전자 치료는 매우 정확하고 효과가 높아 앞길이 창창하지만 그에 따른 위험성도 존재한다. 생명체의 유전자는 수 세대에 걸쳐 대물림되는 것이므로 지금 당장 특별한 이상이 발견되지 않는다 하더라도 인위적으로 가해진 미세한 변화가 장차 어떤 나비효과를 일으킬지 예상하기 어렵다.

또한 여태껏 자연선택을 통해 진화적으로 안정된 상태를 이루었는데, 인간에게 유용한 형질을 골라 맞춤형으로 늘려나가다간 개의 육종 과정에서 드러난 부작용이 인간에게도 나타날 수 있다. 어떤 사람이 자신이 겪는 고통을 줄이는 대가로 자식에게 부실한 슬개골을 물려주려 할까. 하지만 다음 세대까지

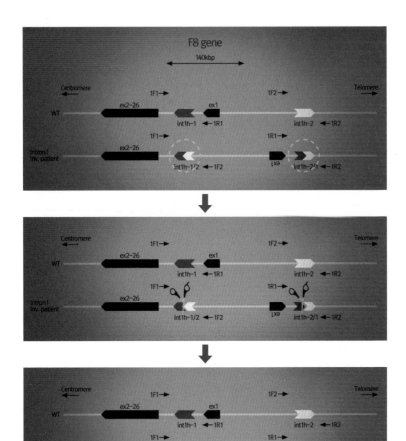

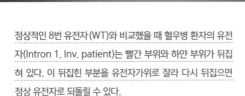

정상적인 8번 유전자(WT)와 비교했을 때 혈우병 환자의 유전
자(Intron 1. Inv. patient)는 빨간 부위와 하얀 부위가 뒤집
혀 있다. 이 뒤집힌 부분을 유전자가위로 잘라 다시 뒤집으면
정상 유전자로 되돌릴 수 있다.

이어지지 않는 비유전성 질환을 유전자 편집으로 치료할 수 있다면 이야기는 달라진다.

황반변성은 노인성 질환으로 초기 증상이 뚜렷하지 않아 미리 발견하고 치료하기 어려우며 발병 후 2~3년 안에 실명에 이를 수도 있는 비유전성 질환이다. 이는 황반에 비정상적인 신생 혈관이 자라나기 때문에 발병한다. 황반변성이 일어나면 부분적으로 시야가 차단되거나 부옇게 흐려지고 시력이 떨어지는 일을 겪는다. 노인들의 경우에는 일상적인 불편을 넘어 사고가 발생할 위험성이 높다.

2017년 서울대병원 김정훈 연구팀은 크리스퍼 캐스9을 이용해 황반변성이 일어난 쥐의 유전자를 편집하는 데 성공했다. 체내에 주입한 크리스퍼 캐스9이 망막세포의 혈관 내피 성장인자 염기 서열을 찾아내 정확하게 해당 부분을 잘라낸 것이다. 그 결과 쥐의 신생 혈관 활성도가 50퍼센트 이하로 줄어들면서 시력도 회복되었다. 유전자 편집을 통해 병인을 제거한 유전자는 영구적인 치료 효과를 보인다. 쥐 실험이 성공한 데 이어 인간과 유전자 형질이 유사한 영장류 실험까지 성공하면서 유전병이 아닌 비유전성 질환도 유전자가위를 활용해 치료할 수 있다는 사실이 입증되었다.

하지만 국내에서는 아직 사람을 대상으로 한 유전자 임상 치료가 허가되지 않았기 때문에 연구 단계에 머물러 있는 형편이다. 반면에 2020년 미국에서는 유전자 돌연변이로 인한 선천

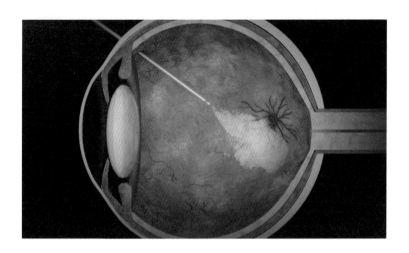

3대 실명 질환의 하나인 황반변성은 안구 뒤쪽 상이 맺히는 자리인 황반에 혈관 내피 성장인자가 비정상적으로 늘어남으로써 혈관이 자라나 빛이 들어오는 것을 차단하는 병이다. 서울대 김정훈 연구팀은 3세대 유전자가위를 이용해 쥐의 황반변성 인자를 편집하는 데 성공했다. 기존의 항체 치료는 이미 생성된 성장인자를 제거하는 방식이기에 새로운 성장인자가 출현할 때마다 매번 항체를 주입해야 했다. 그러나 유전자 편집 치료를 하면 황반변성을 일으키는 성장인자 생성을 원천봉쇄하는 셈이므로 치료 효과가 영구적으로 유지된다.

성 실명 환자들의 유전자를 교정하고자 크리스퍼 캐스9을 인체에 직접 투입하는 임상 시험이 이루어졌다. 그런 가운데 또 다른 복병이 나타났다.

2018년 스탠포드대 소아혈액학 연구진은 34명의 성인 및 영아 혈액을 대상으로 유전자가위의 핵심 요소인 캐스9 단백질에 반응하는 항체와 면역세포가 존재하는지 검사를 실시했다.

캐스9은 황색포도상구균이나 화농성연쇄상구균에서 얻을 수 있는 물질인데, 놀랍게도 황색포도상구균에서 추출한 캐스9에 발열이나 혈압 강하 등 면역반응을 보이는 사람이 79퍼센트, 화농성연쇄상구균의 캐스9에 면역반응을 보이는 사람은 전체의 65퍼센트로 나타났다. 이는 유전자가위의 가이드 RNA 말단에 있는 인산 그룹을 외부 물질로 간주한 세포가 면역체계를 발동시키기 때문이다. 크리스퍼 캐스9의 효율이 100퍼센트에 이르지 못한 원인도 이 점과 관련이 있었다.

다행히 김진수 연구팀은 이 문제를 해결할 방법을 마련했다. 이들은 캐스9의 대체 물질로 급부상한 Cpf1 단백질로 쥐의 유전자를 편집하는 데 최초로 성공했다. 그 과정에서 Cpf1이 캐스9보다 더 정확하며 오작동률이 낮다는 점이 입증되었고 3.5세대 유전자가위, 4세대 유전자가위의 시대가 열렸다는 평가도 나왔다. 그뿐만 아니라 이를 에이즈 환자의 면역반응을 억제하는 세포 치료제 개발에 적용할 가능성을 제시하는 한편, DNA를 사용하지 않고 대두와 야생 담배의 유전자 편집에 성공함으로써 외래 DNA의 유입을 기준 삼아 GMO 여부를 판정하는 미국 농무부 규정을 통과할 가능성을 높였다.

1978년에 태어난 루이스 브라운은 세계 최초로 체외수정으로 탄생한 아기였다. '시험관 아기'라고 불렸던 브라운은 이제 두 아이의 아버지가 되어 평범한 삶을 살아가고 있다. 그가 태어나기 전까지 불임 부부가 아이를 갖는다는 것은 불가능한 꿈이었다. 하지만 브라운의 출생 이후 지금까지 체외수정으로 태어난 아이들은 전 세계적으로 800만 명이 넘는다. 처음에는 각계각층의 격렬한 반대에 부딪쳤던 시험관 아기가 이제는 정부 차원에서 지원해주는 출산의 한 방법으로 환영받고 있다. 과학자들은 유전자 편집 기술 역시 불가능을 가능으로 바꿔주는 희망의 도구가 되리라고 확신한다.

무엇이든 될 수 있는 배아줄기세포

유전자 치료가 지향하는 두 번째 방향인 유도만능줄기세포는 21세기에 들어와 가장 주목받는 연구 분야의 하나다. 줄기세포는 배아나 성체에 있는 세포 가운데 아직 어떤 유전자의 스위치를 켤지 정해지지 않은 미분화 세포를 가리킨다. 그중에서도 배아줄기세포는 우리 몸의 어떤 조직으로든 자라날 수 있는 만능 세포다.

연구자들은 만약 성숙한 세포를 배아줄기세포로 되돌릴 수 있다면 고장 난 신체 조직을 어린아이의 것처럼 완벽하게 재생할 수도 있지 않을까 하고 생각했다. 마치 영화 〈벤자민 버튼의 시간은 거꾸로 간다〉에서 나이를 먹을수록 젊어지던 브래드 피트처럼 세포의 시간을 거꾸로 흐르게 만든다는 발상이다.

포문을 연 것은 1962년 영국의 생물학자 존 거든이었다. 거든은 핵을 제거한 개구리의 난자에 올챙이의 체세포 핵을 이식하면 멀쩡한 개구리가 태어난다는 사실을 실험으로 입증했다. 체세포의 핵은 이미 유전 지령을 전달받은 상태다. "세포야, 우리는 소장 상피가 되기로 했어. 소장의 상피세포로 열심히 살다가 때가 되면 죽자"라며 정해진 임무를 수행해야 하는 상태인 것이다. 하지만 체세포 핵을 난자에 이식하면 기존에 하달된 유전 지령을 냉큼 리셋하고 "난자야, 우리에겐 이제 무한한 가능성이 있어!"라며 배아줄기세포의 핵으로 씩씩하게 기능한다. 거든은 난자에 있는 어떤 성분이 성숙한 세포를 역주행시킨다고 생각했지만 그것의 정체를 밝혀내지는 못했다.

거든의 연구는 두 가지 충격적인 의미를 내포하고 있었다. 첫째는 난자에 이식하는 것처럼 특정한 조건을 갖추어주면 세포핵의 유전 지령을 리셋해서 배아줄기세포의 핵으로 만들 수 있다는 것, 즉 인위적으로 체세포를 배아줄기세포로 되돌릴 수 있는 핵치환 기술을 찾아냈다는 것이다. 둘째는 사람과 동물의 체세포에 담긴 유전정보를 난자에 이식해 클론을 만들 가능성을 시사했다는 것이다.

똑같은 기술이 줄기세포 치료와 생명 복제에 공통으로 활용될 수 있기 때문에, 1996년 복제 양 돌리가 탄생하고 2004년 황우석의 논문이 발표되었을 때 대중은 이를 생명 복제 연구로 받아들여 불안에 떨고 학자들은 줄기세포 치료 연구로 받아들

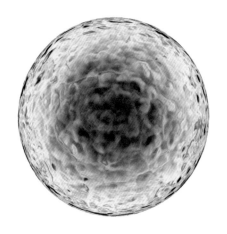

착상되기 전의 수정란은 배반포 구조를 형성하며 배아줄기세포를 생성한다. 배아줄기세포는 아직 미분화된 세포로서 착상 후에 어떤 조직으로든 분화될 수 있다. 한편 성체 조직에 소량 들어 있는 성체줄기세포는 혈액이나 후각신경 등 특정한 세포를 끊임없이 만들어내며 조직을 유지한다.

여 호들갑을 떠는 일이 벌어졌다. 그러나 이듬해 황우석의 논문이 조작된 것이라는 의혹이 제기되었고 실험 과정에서 불법으로 난자를 매매했다는 사실이 드러났다.

결국 인간 배아 복제 성공을 알린 황우석의 논문은 철회되었고 학계에서는 서둘러 배아줄기세포 연구에 관한 윤리 준칙을 세웠다. 많은 이들이 안도와 혐오감을 느끼며 황우석이라는 이름을 서둘러 기억에서 지웠지만, 난치병 환자들과 그 가족들은 황우석이 연구를 계속해야 한다며 시위를 벌였다. 그러는 사이 이웃 일본에서는 또 하나의 새로운 줄기세포가 만들어지고 있었다.

그것은 바로 야마나카 신야가 만든 역분화 배아줄기세포였다. 야마나카 연구팀은 배아줄기세포에서만 생성되는 단백질을 선별하고 그 가운데 줄기세포 생성에 관여하는 유전자를 골라

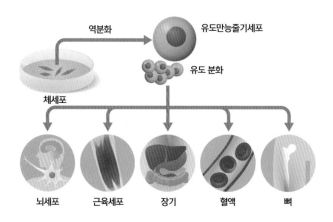

역분화 ──→ 유도만능줄기세포

체세포

유도 분화

뇌세포   근육세포   장기   혈액   뼈

역분화 유전자를 이용해 자신의 체세포로 유도만능줄기세포를
생산한 후 원하는 세포로 유도 분화시켜 인체 조직을 재생하면
손상된 간이나 퇴화한 뇌, 망가진 척추, 마모된 관절 등 노화되
고 병든 몸을 고쳐 쓸 수 있다.

하나씩 체세포(피부세포)에 주입하는 실험을 반복한 끝에 네 개
의 역분화 유전자(oct4, sox2, klf4, c-Myc)를 찾아냈다. 이 네 개의
역분화 유전자를 주입한 성숙한 세포들은 하나도 빠짐없이 배
아줄기세포와 같은 상태로 되돌아갔다. 야마나카 연구팀은 그
렇게 만들어낸 세포에 유도만능줄기세포^{iPSC}라는 이름을 붙여
주었다. 난자를 이용하지 않음으로써 윤리적 논란을 일으키지
않는 순수한 줄기세포 치료의 길이 열린 것이다.

유도만능줄기세포의 등장은 질병 치료에 획기적인 전환을
가져왔다. 건강한 체세포로 유도만능줄기세포를 생성한 후 피부세포, 지방세포, 골수세포 등 원하는 세포로 유도 분화시켜 손상된 부위를 재생하는 임상 시험이 세계 각지에서 실시되었다. 첫 번째 성과는 일본에서 나타났다. 각막 상피 재생 줄기세포 결핍으로 시력을 잃어가던 환자가 유도만능줄기세포로 만든 각막을 이식해 생활에 불편을 느끼지 않는 수준으로 시력을 회복한 것이다. 뇌의 신경세포 손상이 원인인 파킨슨병 환자에게 자신의 피부세포를 유도만능줄기세포로 되돌린 다음 신경세포로 분화시켜 이식한 수술도 만족스러운 결과를 보였다.

2012년 노벨상 위원회는 존 고든과 야마나카 신야에게 노벨 생리의학상을 수여했다. 줄기세포의 비밀을 풀어 난치병 치료와 재생의학의 새 지평을 열었다는 이유에서였다. 아직 유도만능줄기세포를 활용한 치료가 당국의 승인을 거쳐 공식적으로 임상 시험을 진행하는 사례는 많지 않다. 하지만 희귀 질환을 앓는 사람들이 다시 평범한 일상을 살 수 있으리라는 기대를 갖기에 충분히 낙관적인 상황임은 분명하다.

기적의 항암 치료제

암 치료법은 먼 옛날의 주먹구구식 수술이나 방사선 치료를 시작으로 1세대 화학요법과 2세대 표적 항암제 치료에 이르기까지 발전을 거듭해왔다. 하지만 화학요법은 암세

흑색종은 피부의 멜라닌세포가 암세포가 되어 발병하는 피부암으로, 멜라닌세포가 있는 창자와 눈 등에서도 발생한다. 적당한 양의 자외선을 쬐면 비타민 D가 합성되지만 과도하게 쬐면 흑색종이 생길 수 있다. 흑색종은 전이가 잘되는 암으로 기존의 항암 치료가 그다지 효과적이지 않았다.

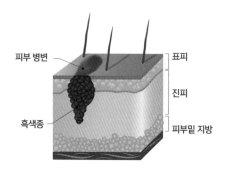

피부 병변

표피

진피

흑색종

피부밑 지방

포와 정상 세포를 둘 다 공격해 환자의 신체를 만신창이로 만든다는 부작용이 있다. 또한 표적 항암제 치료가 길어지면 항암제에 대한 내성이 생겨 결국 또 다른 치료제를 써야 한다는 문제가 뒤따른다. 오늘날 전 세계의 수천만 암 환자들은 각각의 부작용을 감수한 채 이 두 가지 치료법을 병행하고 있으며, 화학요법이나 표적 항암제 치료보다 덜 치명적이고 더 확실한 치료법이 나오기만을 손꼽아 기다리고 있다.

그런 이들에게 희망적인 소식 한 가지가 2015년 들어 전해졌다. 미국의 전 대통령 지미 카터가 흑색종 완치에 성공했다고 공개적으로 발표한 것이다. 90세가 넘어서 암 진단을 받은 카터는 이미 간과 뇌까지 암이 전이된 상태라 회복할 가능성이 거의 없었다. 그는 전통적인 항암 치료와 더불어 FDA의 승인이 떨어진 지 얼마 안 된 신약 치료를 받기로 했다. 일명 3세대 항암 치료제라고 불리는 면역관문억제제였다.

인체 면역체계의 기본 메커니즘은 내 몸과 내 몸이 아닌 것을 구분하고 내 몸이 아닌 것 가운데 해로운 것을 골라 제거하는 것이다. 암세포는 원래 내 몸의 일부였으나 돌연변이로 유해하게 변해버린 것이기에 원칙적으로는 면역세포의 표적이 되어야 한다. 문제는 암세포가 한때 같은 육체를 이루었던 면역세포의 특징을 간파라도 하는 듯 면역세포의 감시를 교묘하게 피하거나 심지어 면역세포가 자신을 공격하지 못하게 막는다는 점이다. 인간이 질병과 싸울 때 쓰는 가장 강력한 무기인 T세포를 무용지물로 만들어버리니 치료가 어려울 수밖에 없다.

이런 일은 T세포에 '브레이크'가 존재하기 때문에 발생한다. T세포는 자신이 마주친 세포가 내 몸에서 비롯된 것인지 아니면 해로운 세포인지 판별하는 역할을 한다. 상대 세포가 각종 단백질을 이용해 T세포에게 "나는 너랑 같은 몸을 이루는 세포야!", "나는 전혀 해롭지 않아!"라는 신호를 보내오면 이를 감지한 T세포는 면역 활성을 억제하고 상대를 공격하지 않는다.

1999년 면역학자 혼조 다스쿠는 암세포의 표면을 둘러싸고 있는 PD-L1, PD-L2 단백질이 암세포를 정상 세포처럼 위장함으로써 T세포의 면역 브레이크를 작동시킨다는 사실을 밝혀냈다. 만약 암세포를 정상 세포로 위장하는 단백질들이 T세포와 상호작용하는 것을 막는다면(즉 "나는 해롭지 않아!"라는 신호 송신을 차단한다면) T세포가 암세포를 공격하게 만드는 일이 가능하다. 독한 화학물질이나 특별한 항암제를 쓰지 않고 오로지 인간

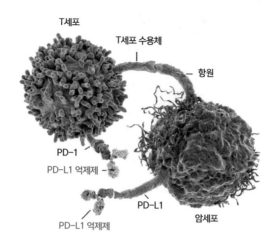

T세포
T세포 수용체
항원
PD-1
PD-L1 억제제
PD-L1 억제제
PD-L1
암세포

T세포의 PD-1이 암세포의 PD-L1과 만나면 암세포를 못 알
아보고 면역 브레이크가 작동하기 때문에, 이 둘의 결합을 막기
위한 억제제를 주입함으로써 T세포의 활성을 유지한다. 활성
화된 T세포는 항원으로 제시된 암세포를 공격해서 제거한다.

이 보유한 면역체계만을 이용해 암을 퇴치할 수 있는 길이 열린
것이다. 이처럼 암세포의 위장 단백질이 T세포와 결합하는 것을
막는 치료제를 면역관문억제제라고 부른다.

혼조의 발견으로부터 10여 년이 지난 2011년 면역학자 제
임스 앨리슨은 흑색종 치료에 탁월한 효과를 보이는 면역관문
억제제 '여보이Yervoy'를 출시했다. 2014년에는 혼조가 직접 개발
한 '옵디보Opdivo'가 출시되어 비소세포 폐암과 흑색종 치료 면에
서 효과를 입증했다. 이전까지 20퍼센트 이하였던 흑색종 환자
들의 생존율이 50퍼센트 이상으로 높아졌으며 말기 환자의 병

화학요법과 골수이식으로도 리처즈의 상태는 나아지지 않았다. 의료진은 통증 완화 치료를 권했으나 리처즈의 부모는 동물실험을 갓 통과한 CAR-T 치료제에 실낱같은 희망을 걸었다. 그리고 몇 개월 뒤 리처즈는 유전자 편집 치료를 받고 백혈병을 극복한 최초의 인물이 되었다.

세 완화에도 뚜렷한 효과가 나타났다. 앨리슨과 혼조는 면역관문억제제라는 3세대 암 치료제를 개발한 공로로 2018년 노벨 생리의학상을 공동 수상했다.

지미 카터의 완치 소식이 있고 2년 후 영국에서 또 한 번 희망적인 뉴스가 전해졌다. 생후 14주 만에 백혈병 진단을 받은 레일라 리처즈가 유전자 치료 임상 시험에 참여한 지 몇 개월 만에 완치 판정을 받은 것이다. 리처즈의 백혈병 완치는 앞선 면역관문억제제에서 한 걸음 더 나아간 CAR-T 치료제를 임상에 적용한 최초의 사례였다.

CAR-T 치료제는 T세포의 면역 브레이크 작동을 막는 것이 아니라 보통의 T세포를 추적기가 달린 고성능 T세포로 업그레이드한다. 환자의 몸에서 취한 T세포의 유전자를 편집해서 특정 암세포를 끝까지 추적해 분쇄하도록 업그레이드한 뒤 환자의 몸에 다시 투입하는 것이다. CAR-T 치료제는 화학요법이 초래하는 부작용이나 표적 항암제로 인한 내성이 없다. 표적으로 삼은 암세포만 정밀 타격하므로 암의 종류에 따라 맞춤형 치료제를 만들 수도 있다. 또한 인체의 면역체계를 활용한 치료이기에 한번 면역기억이 형성된 다음에는 재발하면 바로 면역체계가 작동한다.

하지만 CAR-T 세포 자체가 독성을 지니고 있어서 체내에 너무 많은 양이 유입되면 오히려 위험할 수 있다. 또한 면역력을 강화한 CAR-T는 암세포를 모두 제거한 후에도 그 기능을 유지하기 때문에 때때로 정상 세포를 공격하는 사례가 발생하고 있다. 그래서 최근에는 CAR-T의 활성 스위치를 필요에 따라 껐다 켤 수 있도록 유전자 편집을 진행하고 있다. 아직 몇몇 특정한 암에만 제한적으로 적용하고 있지만 말기 환자들의 경우에도 몇 개월 만에 완치에 가까운 효과를 거둘 수 있기에 기적의 항암치료제라는 꼬리표가 따라다닌다.

면역체계를 활용한 치료 기법과 유전자 분석 및 편집 기술이 발전함에 따라 오늘날의 연구자들은 아예 암 백신을 만들 방법을 모색하고 있다. 암세포의 DNA 염기 서열을 분석해 문제가 되는 변이 유전자를 찾아낸다면 인체의 T세포가 변이 유전자에 대응할 수 있도록 미리미리 정보를 제공해 면역체계를 활성화시키는 일도 가능하기 때문이다. 이는 특히 자궁경부암 백신 개발 부문에서 가시적인 성과를 보였다.

"당신이 하고 있는 일이 얼마나 위험한지 모르겠어요?
 유전공학은 지구상에서 가장 막강한 무기인데
 지금 당신은 아빠 총을 찾아서 휘두르는 어린애 같아요."
"우리의 정당한 공로를 인정하지 않는군.
 여기 과학자들은 누구도 해본 적 없는 일을 해냈어."
"하지만 당신은 그 가능성에 몰두한 나머지
 윤리적인 측면을 무시했어요."

– 〈쥬라기 공원〉 중에서

이처럼 현대의 유전자 편집 기술은 이미 암을 치료하고 난치병과 장애를 극복하는 데 적극적으로 활용되고 있다. 그러나 불가능을 가능케 만드는 유전자 편집 기술을 언제까지고 질병 치료의 영역에 가둬놓을 수 있으리라고 생각하는 사람은 많지 않다. 인간의 상상력과 실험 정신을 억누른다는 것은 애당초 불가능한 일이고, 우리는 결국 그 이상을 원하게 될 것이다.

아기를 주문하시겠습니까?

2019년에 공개된 다큐멘터리 〈부자연의 선택〉에는 누구나 유전자 편집 기술을 사용할 권리가 있음을 알리려는 인물과 임상 시험을 통해 유전자 치료법을 발견하길 기대하는 에이즈 환자가 직접 자기 몸에 유전자 편집 약물을 주입하는 장면이 나온다. 이처럼 전문 기관에 소속되지 않은 상태로 제도권 밖에서 생명체의 유전자 편집에 관한 실험을 진행하는 사람들을 바이오해커라고 부른다. 3세대 유전자가위인 크리스퍼 캐스9이 개발된 후로 바이오해커들이 본격적으로 나타나기 시작했다. 크리스퍼 캐스9의 비용이 저렴하고 사용법을 익히기가 쉬우며 활용 가능성이 무궁무진하기 때문이다.

당장 어딘가의 바이오해커가 비만 유전자를 찾아 제거할 수 있는 유전자 치료제를 개발한다면 어떤 일이 일어날까? 미용을 위해 날씬해지려는 사람뿐만 아니라 건강을 위해 살을 빼야 하는 환자, 경기 출전을 앞두고 체중을 감량해야 하는 운동선수 등에게 장기간의 운동과 식이요법 대신 간단하게 섭취하거나 접종 가능한 유전자 치료제는 너무나 매력적으로 다가올 것이다. 게다가 싼값에 온라인으로 주문할 수 있다면 두말할 나위가 없지 않을까(실제로 미국의 한 회사는 세균의 게놈을 편집할 수 있는 DIY 유전자 편집 키트를 15만 원에 판매하기도 했다).

갖가지 이기적인 목적에 따라, 미래 지향적인 목표에 따라, 절실한 의학적 필요에 따라, 그도 아니면 범죄 목적으로 유전자를 편집하고자 하는 사람들에게 어떤 윤리적 규준을 적용해야 좋을까? 〈부자연의 선택〉에 등장하는 바이오해커들의 주장대로 모든 사람에게는 유전자 편집 기술을 사용할 권리가 있는 것일까? 그렇다면 그 권리에는 어떤 의무가 뒤따라야 할까?

2018년 중국에서 세계 최초의 유전자 편집 아기가 태어났다는 소식으로 전 세계가 떠들썩했다. 생물물리학자 허젠쿠이는 HIV 바이러스에 면역을 지닌 아이를 만들고자 유전자가위로 인간 배아를 편집해 관련 유전자를 제거했고, 이 배아로부터 건강한 쌍둥이 아기가 태어났다고 발표했다. 인간 배아의 유전자 편집은 기술적 어려움이 아닌 윤리적 문제 때문에 극히 제한된 연구 목적 외에는 일체 금지된 행위다. 우리나라도 생명윤리법에 따라 생식세포, 배아, 수정란의 유전자 편집 연구 자체를 엄격히 금지하고 있다.

유전자 편집 아기를 만든 허젠쿠이는 단번에 지탄의 대상이 되었다. 태어난 쌍둥이는 건강했고 아마도 HIV 바이러스에 면역을 지녔을 것이다. 그러나 장기적으로 유전자 편집이 어떤 결과를 초래할지 모르는 상황에서 이미 의학적 치료가 가능한 에이즈에 대한 면역력을 심어준다는 명분으로 아이들을 위험에 노출시켰다며 전 세계가 한목소리로 허젠쿠이를 비판했다. 중국 정부는 발 빠르게 허젠쿠이를 체포하고 인간 배아의 유전자 편집에 관련한 모든 연구를 중단시켰다.

그런데 유전자 편집 아기를 강력하게 반대하는 국제 여론과는 사뭇 온도차가 느껴지는 기묘한 시장이 존재한다. 미국의 불임클리닉에서는 본인들의 정자나 난자로 인공수정을 하는 데 어려움을 겪는 부부가 다른 사람의 정자와 난자를 제공받아 체외수정으로 출산을 하는 경우가 많다. 그런데 많은 불임 부부들이 지능과 학력 수준이 높은 아시아 여성의 난자를 선호하는 경향을 보인다. 아시아 여성의 난자 가격이 다른 인종의 세 배를 호가하기도 한다. 노벨상을 수상한 과학자들의 정자만 기증받는 천재 정자 은행도 있다. 우월한 유전자에 대한 프리미엄 시장이 합법적으로 운영되고 있는 것이다.

더 똑똑한 아이를 갖고자 하는 욕망은 2018년 중국에서 출생한 유전자 편집 쌍둥이를 다시 논란의 중심으로 불러들였다. 당시 허젠쿠이가 제거한 CCR5 유전자가 HIV와 관련이 있을 뿐만 아니라 독감 바이러스와 뇌염에 걸릴 위험성을 높이고 다발

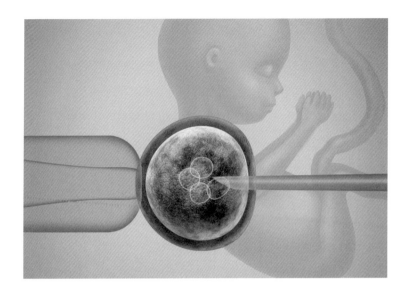

당신의 유전자를 물려받은 아기가 아름다운 외모와 뛰어난 지능, 탁월한 신체 능력을 타고난 데다 난치병이나 만성질환에 걸리지 않고 건강하게 오래 살 수 있다면, 그 기회를 놓칠 수 있겠는가?

경화증의 조기 사망률을 높이는 유전자 변이를 일으킬 가능성이 있다는 사실이 밝혀진 것이다. 나아가 CCR5를 제거한 쥐의 경우에 기억력과 학습능력을 비롯한 인지능력이 향상되고 뇌 손상 후에도 신경 회로의 회복이 빠르다는 연구 결과도 발표되었다. 한편에서는 허젠쿠이가 에이즈 면역력 강화를 핑계로 지능을 강화한 아기를 디자인했을 가능성이 제기되었으나, 그가 체포된 후 쌍둥이가 어떻게 지내는지에 대해 알려진 바가 없어 확인하기 어렵다.

인지능력이 감퇴한 환자에게 CCR5 기능을 억제하는 약물을 투여하는 임상 시험 또한 이미 진행되고 있기에, 치료 목적으로 만든 유전자 편집 약물이 인위적으로 지능을 강화하는 데 사용될 수 있다는 논란은 끊이지 않을 것이다. 이에 대해 영국의 유전자실험감시단체는 태어날 아이에게 예술적 재능이나 탁월한 운동신경, 높은 지능을 선사할 수 있다면 누구라도 발 벗고 나설 게 뻔하니 그로 인해 유전자 계급과 엘리트주의 사회가 조성될 것이라고 경고한다. 올더스 헉슬리의 소설 『멋진 신세계』에 그려진 유전자 카스트 세상이 펼쳐질지도 모른다.

"꿈을 꿨어요. 동료가 유전자 편집 기술을 배우고 싶어 하는 학생을 소개해주겠다고 했죠. 나를 기다리는 학생을 만나러 방으로 들어갔는데 그가 바로 아돌프 히틀러였어요."

제니퍼 다우드나는 이 불길한 꿈을 좀처럼 잊지 못한다. 그녀가 발견한 경이로운 유전자가위가 인류의 역사에서 수없이 반복되어온 과오를 되풀이하는 끔찍한 도구가 될 수도 있다. 더 건강한 유전자, 더 좋은 유전자라는 우생학적 개념이 나치의 대학살을 비롯해 미국의 강제 불임수술과 같은 패악스러운 만행으로 이어진 것 또한 엄연한 사실이니 말이다.

그럼에도 불구하고 생식세포의 유전자 편집을 전면적으로 금지하거나 질병 치료를 위해 유전자가위 기술을 적용하려는 시도를 언제까지고 통제할 수는 없을 것이다. 규제의 경계가 모호하고 나라마다 정책이 다르기에 음지에서 사익에 따라 기술을 사용하려는 사람들로 인해 최악의 사태가 벌어질 수도 있다.

그러지 않기 위해서는 이 기술이 전진할 때 길을 잃지 않도록 다 같이 이정표를 세워야 한다. 전문가, 정치인, 행정가, 철학자, 시민이 한데 논의에 참여해 각자의 목소리를 내야 한다. 과학기술을 이해하고 활용할 수 있는 기회도 모두에게 공평하게 돌아가야 한다. 기술의 발전이 위대한 결과로 이어지려면 올바른 사회화 과정을 거쳐야 한다.

다우드나는 말한다. 크리스퍼 캐스9은 인간이 만들어낸 선하거나 나쁜 기술이 아니다. 지구상에서 가장 오랫동안 생존해온 세균이 수십 억 년의 진화를 거치며 발명해낸 것이다. 인간은 그저 자연에 있던 것을 발견하고 누구나 쓸 수 있는 도구로 다듬어 꺼내놓았을 뿐이다. 지금까지 우리가 이 기술을 어떻게 사용해야 할지 논의할 시간이 턱없이 부족했던 것은 사실이다. 하지만 이미 굴러가기 시작한 과학의 수레바퀴는 우리가 준비되지 않았다고 해서 멈추지 않는다.

우리가 발전시킨 기술로 인해 누구도 불행해져서는 안 된다. 하지만 이런 일들은 역사적으로 수없이 반복되었다. 기술이 발달하면 사회 환경은 바뀌기 마련이다. 그로 인해 당신이 예상치 못했던 상황에 처할 수도 있고 하고 싶지 않았던 일을 하게 될 수도 있다.

- 올더스 헉슬리

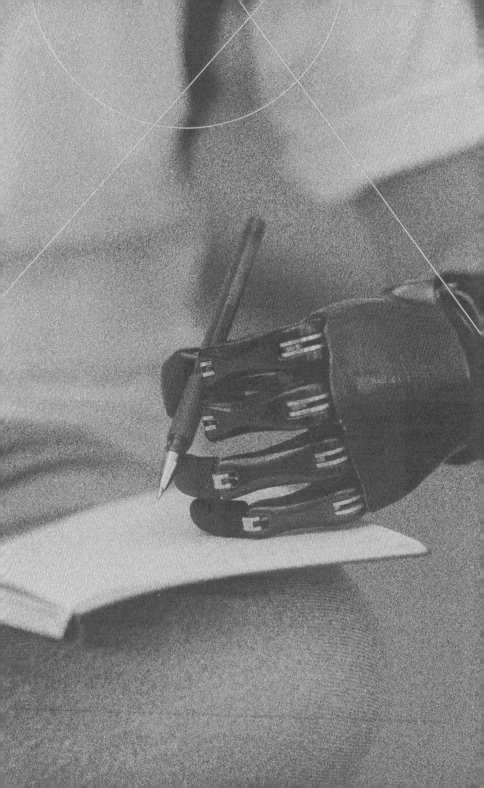

인간의 미래, 포스트휴먼

인간의 몸을 갈아 끼우다

갈아 끼우고 싶지만

모든 것은 시간의 흐름에 따라 닳아 없어지고 고장 나기 마련이다. 우리 몸의 장기도 그런 식으로 노화해 망가져 간다. 만약 자동차의 부품을 갈아 끼우듯 망가진 장기를 새것으로 교체할 수 있다면 한정된 생명을 연장하는 것도 꿈이 아니지 않을까?

1260년경 이탈리아 수도회에서 편찬한 『황금 전설』에는 이와 같은 인간의 꿈과 욕망을 투영한 듯한 이야기가 등장한다. 쌍둥이 성인 코스마스와 다미안이 환자의 썩어가는 다리를 잘라내고 흑인의 다리를 이식해 다시 걷게 만들었다는 것이다. 그러나 의학과 종교가 분리되기 훨씬 전부터 괴담처럼 떠돌던 신체 이식이 현실에서 실현된 것은 20세기 중반에 이르러서다.

프라 안젤리코가 그린 〈검은 다리의 기적〉. 쌍둥이 의사 코스마스와 다미안이 병든 사람의 다리를 잘라낸 자리에 흑인의 다리를 이식하고 있다.

가장 먼저 이식수술 대상으로 지목된 부위는 신장이다. 우리 몸에는 두 개의 신장이 있고 그중 하나만 기능을 유지해도 생명 활동에 지장이 없다. 또한 신장은 다른 장기에 비해 혈관 연결이 단순한 편이라 외과 수술을 하기에 용이하다. 1936년 러시아에서 세계 최초로 신장 이식수술이 이루어졌으나 수술이 끝나자마자 이식한 신장이 순식간에 괴사하는 결과를 맞이했다.

인류 역사상 처음으로 신장 이식수술, 즉 장기 이식수술에 성공한 사람은 미국의 외과의사 조지프 머리다. 그는 인체의 면역체계가 일으키는 거부반응을 극복하지 못하면 장기 이식을 할 수 없다고 생각했다. 1954년 머리는 말기 신부전증을 앓던 환자에게 그와 동일한 유전자를 갖고 있으며 면역체계도 유사한 일란성 쌍둥이 형제로부터 공여받은 신장을 이식하는 데 성공했다. 이 사례를 통해 면역반응을 억제하는 것이 장기 이식 성공의 관건이라는 점이 분명해졌다.

이식된 장기를 면역체계가 공격하는 것은 T세포가 다른 사람의 조직을 내 것이 아닌 것, 즉 항원으로 인식하기 때문이다. 항원을 발견한 T세포는 이를 제거하기 위해 염증반응을 일으키는데 그 과정에서 이식한 혈관이나 장기 조직이 파괴되거나 괴사한다. 면역반응을 억제할 수 있는 면역억제제(시클로스포린)가 상용되기 시작한 것은 1983년의 일이다. 이로써 장기 이식의 가장 큰 장벽이 무너지고 이식수술을 받는 환자의 생존율도 높아졌다.

그러나 장기 이식 기술이 아무리 발전해도 이식할 장기가 부족하다면 무슨 소용이겠는가. 2018년 기준으로 미국의 장기 이식 대기자는 11만 4000명에 이른다. 반면에 공여자 수는 대기자 수의 10퍼센트에도 못 미친다. 신장 이식의 경우 대기자가 신장을 이식받기까지 기다리는 시간은 평균 3년 반인데, 이는 말기 심부전 환자들에게 매우 긴 시간이다. 이식만 받으면 목숨을 구할 수 있는 것은 물론이고 다른 사람들처럼 사회생활도 하고 소중한 이들과 더불어 삶을 가꿀 수 있건만 매일 20명이 넘는 사람들이 대기표를 손에 쥔 채 죽어간다.

몸 바깥에서 만들어진 장기

재생의학이란 손상되거나 망가진 장기 또는 조직을 대체하거나 재생하는 의학 분야를 가리키는 말이다. 줄기세포 연구를 비롯해 컴퓨터공학, 기계공학, 센서공학 등 다양한 분야의 첨단 기술이 한데 융합됨에 따라 이전에는 상상도 못 했던 놀라운 일들이 현실에서 이루어지고 있다. 대표적인 예가 바이오 인공장기의 등장이다.

코네티컷주에 사는 루크는 20년 전 방광 이식수술을 받았다. 미숙아로 태어난 루크는 열 살이 되던 해에 방광 기능을 상실했다는 판정을 받았다. 그로 인해 신부전증을 겪고 신장 기능마저 잃을 위기에 처한 루크는 당시 최초로 시도되는 실험적인 수술을 제안받았다. 세포를 배양해 만든 바이오 인공장기 이식수술이었다.

루크가 이식받기로 한 인공 방광을 만든 곳은 미국 웨이크 포레스트대 재생의학연구소다. 40년 이상 각종 인체 세포를 연구하며 재생의학 발전을 주도해온 이 연구소는 피부, 근육, 방광, 질, 혈관, 신경 등을 구성하는 대부분의 세포를 체외에서 배양할 수 있는 기술력을 갖추었다.

인공장기를 만들려면 먼저 방광을 구성하는 내벽세포와 바깥쪽 근육세포를 각각 떼어내 약 4주 동안 배양해야 한다. 배양한 세포를 특수 성분으로 만든 방광 모양의 골격에 도포하고 이

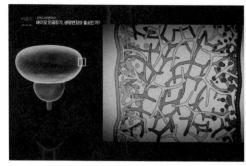

방광 조직의 내벽세포와 바깥쪽 근육세포를 채취해 배양한 다음 특수 성분으로 만든 방광 모양의 골격에 도포한다(좌). 골격을 꽉 채울 때까지 세포가 성장하면(우) 이식 가능한 인공 방광이 완성된다.

를 꽉 채울 때까지 세포를 성장시키면 이식수술에 사용할 수 있는 방광이 완성된다. 해당 연구소는 이런 방식으로 30여 가지의 조직과 장기를 만들었고 그중 25퍼센트 이상을 실제로 이식하는 데 성공했다.

　방광보다 복잡한 구조의 장기를 제작할 경우에는 환자의 신체 특성에 맞춘 바이오프린팅Bio-printing 기술을 활용한다. 바이오프린팅이란 인체 세포와 연골 조직으로 이루어진 바이오 잉크를 한 겹씩 쌓아 올리는 3D 프린팅 방식으로 장기를 만드는 기술이다. 환자의 몸에 있던 기존 장기의 모양과 크기를 토대로 개인 맞춤형 이식 장기를 제작하는 일이 가능하다.

　이렇게 만들어진 장기는 이식수술을 하기 전에 먼저 훈련 과정을 거친다. 사람이 운동을 하지 않으면 점점 근육이 줄어드는 것처럼 세포 또한 사용하지 않으면 점차 위축되어 작동하지 않기 때문에 인공장기가 이식 후 곧바로 제 기능을 수행할 수 있도록 미리 장기를 준비시켜야 한다.

세포 배양이나 바이오프린팅과 같은 방식으로는 만들기 어려운 복잡한 구조의 장기들도 있다. 이를테면 신장은 모세혈관으로 이루어진 작은 구조(네프론)가 100만~150만 개 모여 있는 기관이다. 신장은 하루에 약 150리터의 혈액을 여과하며 99퍼센트는 재흡수하고 1.5리터가량을 소변으로 배출한다. 이때 네프론이 제 기능을 하지 못하면 소변의 독성 물질이 혈액에 축적되어 전신에 중독 증상이 나타나는 신부전증을 앓게 된다. 신장이나 심장처럼 작은 구조들이 모여 복잡한 형태를 이루는 고형장기를 만들려면 새로운 전략이 필요하다. 웨이크포레스트대 재생의학연구소에서 내놓은 해답은 '탈세포화 장기'다.

탈세포화 장기를 만들기 위해서는 기증받은 장기에서 모든 세포를 제거해야 한다. 약한 세정액을 사용해 기증자의 세포를 제거하고 세포외 기질 단백질과 세포골격 단백질 등으로 이루어진 구조만 남긴다. 이것이 탈세포화decellularization 과정이다. 탈세포화 과정을 거치고 나서도 혈관의 구조와 기능은 고스란히 보존된다는 점이 중요하다.

분홍빛이 도는 세포로 가득 차 있던 장기에 세정액을 주입하고 7~10일 정도가 지나면 모든 세포가 제거되고 흰색 구조만 남는다. 이제 세정액을 제거하고 이식받을 환자의 세포를 혈관

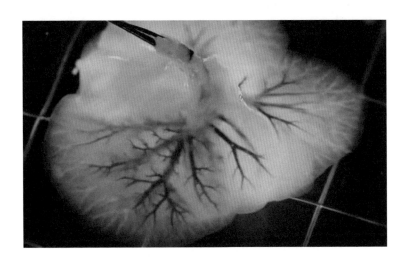

탈세포화 과정을 거친 장기는 혈관의 구조와 기능이 고스란히
보존된 상태다. 향후 혈액이 지나갈 혈관에 염료를 주입하면 뼈
대 내부를 순환한 후 정맥을 통해 빠져 나오는 모습을 볼 수 있다.

으로 투입해 순환시킨다. 인체와 동일한 조건(온도 37도, 산소 농도
95퍼센트)으로 최적화한 배양기에서 환자의 세포가 장기에 완전
히 생착될 때까지 기다리면 탈세포화 장기가 완성된다.

　　재생의학 분야는 전 세계적으로 가장 유망한 의료 기술 분
야의 하나로 자리매김하고 있기에 꾸준히 새로운 성과가 발표
되고 있다. 최근에는 하버드대 연구팀이 네프론을 모방한 기관
을 바이오프린터로 찍어내는 데 성공했다는 소식이 들려왔다.
네프론 한 개를 찍어낼 수 있다면 조만간 100만 개도 찍어낼 테
고, 네프론 100만 개를 찍어낸다면 그게 바로 인공 신장을 프린
팅하는 일이다.

또한 유도만능줄기세포를 활용한 장기 제작 기법도 발전하고 있다. 무한한 가능성을 지닌 유도만능줄기세포지만 이를 이용해 장기를 만들기란 쉽지 않다. 자기 역할을 똑바로 수행하는 장기를 만들려면 줄기세포가 분화하면서 복잡하게 배열되고 뭉치는 과정을 재현해내야 한다. 인간의 배아에서는 유전자의 지령에 따라 절로 일어나는 일이지만 이 과정을 인공적으로 구현하기란 어려운 일이다.

유도만능줄기세포로 장기를 만들려면 몇 가지 요건이 갖추어져야 한다. 무엇보다도 먼저 줄기세포를 3차원 구조로 배양해야 한다. 배양접시에 평평하게 펴놓은 채 2차원 상태로 자라도록 한 세포는 실제 우리 몸에 있는 세포와는 성질도 기능도 다르다. 3D 배양 기술은 2000년대 후반에 개발되었다. 3D 배양 과정에서 연구자들은 세포의 발생 단계를 일일이 확인하면서 조건에 맞춰 배양액을 갈아주고 실제 장기가 형성될 때와 똑같은 자극을 가한다. 이렇게 만들어낸 장기를 오가노이드organoid라고 한다.

오가노이드 제작은 그야말로 지난한 과정이다. 작은 뇌 오가노이드를 만들려면 40일 정도가 걸리는데 그사이에 한 번이라도 오염이 발생하면 말짱 도루묵이 된다. 언뜻 보기에 오가노이드는 우리 몸에 있는 실제 장기에 비해 터무니없을 정도로 작은 미니어처 장기지만 기능 수행 면에서는 아무런 손색이 없다. 고작 몇 밀리미터 크기의 미니 장기들이 소화를 하려고 연동운동을 하고 냄새를 맡고자 후각신경을 곤두세운다. 이러한 오가노이드는 이식용 장기로 쓰기보다 연구와 실험에 활용하는 편이 훨씬 활용도가 높다.

　연구자들은 뇌 오가노이드를 활용해 그동안 밝혀지지 않았던 뇌의 작동 원리를 규명하고자 한다. 뉴런이 발달하고 사멸하는 과정이나 뇌세포의 신경 회로가 형성되는 과정과 관련해 여러 가지 실험을 해보고 지카 바이러스가 소두증의 원인이라는 사실을 밝혀낸 것도 뇌 오가노이드 덕분이다. 알츠하이머병이나 파킨슨병 등에 대해서도 흥미로운 실험이 진행되고 있다. 암 치료를 할 때에는 환자의 오가노이드를 활용해 항암제의 독성이나 부작용을 미리 확인해보고 가장 효과적인 치료제를 찾아낼 수도 있다.

　코네티컷주의 루크 이야기로 돌아가보자. 20년 전 평생 투

3D 프린터로 사람 귀의 피부, 연골, 지방조직을 입체적으로 출력한 다음 환자의 세포를 도포한다. 웨이크포레스트대 재생의학연구소는 환자의 장기와 똑같이 기능하며 안전한 인공장기를 제작해 그 장기가 인간의 몸속에서 제대로 작동하도록 만드는 것을 목표로 삼고 있다.

석을 받으며 살아야 한다는 선고를 받았던 열 살 소년은 아무도 시도한 적 없었던 인공 방광 이식에 도전했다. 다행히 수술은 성공적이었고, 루크는 운동을 좋아하는 평범한 아이로 자라나 30대를 맞이했다. 루크에게 실험적인 수술을 제안했던 의료진은 이렇게 말한다. "우리가 인공장기 연구를 하는 것은 무너져 내린 환자들의 삶을 보통의 삶으로 일으켜 세우기 위해서입니다. 인간에게 주어진 것 이상으로 생명을 연장하거나 강화 인간을 만들기 위해서가 아닙니다."

종을 뛰어넘는 키메라 장기

인슐린은 췌장에 있는 췌도(랑게르한스섬)에서 분비된다. 소아 당뇨병(1형 당뇨병) 환자들은 췌도에 있는 베타 세포가 손상되어 인슐린을 분비하지 못하므로 췌장 이식을 받지 않는 한 평생 인슐린 주사를 맞아야 한다. 그간에는 1형 당뇨병으로 신부전증까지 발생한 중증 환자를 우선해 이식을 진행해왔는데, 이식이 필요한 수준의 2형 당뇨병 환자가 점차로 증가함에 따라 이식 대기자 수가 급속도로 늘어났다. 하지만 췌장 이식의 경우에는 워낙 공여자가 부족한 데다가 거부반응도 심한 편이며 합병증 발생률 또한 높다. 어렵사리 이식을 받고도 고통을 겪다 세상을 떠난 환자 가운데 대부분은 어린 아이들이다.

이에 연구자들은 췌장에서 인슐린을 분비하는 부위인 췌도만 이식하는 방법을 고안해냈다. 췌도 이식은 수술이 아니라 간문맥으로 췌도를 주입하는 시술이기에 당일 퇴원이 가능할 정도로 환자가 감당해야 하는 부담이 적다. 체외에서 세포의 항원력을 떨어뜨려 면역 거부반응을 줄일 수 있고 합병증 발생률도 낮출 수 있다. 설령 이식에 실패해도 주입된 췌도가 자연적으로 사라지기 때문에 후유증이 없다. 췌도 이식에 성공하면 5년에서 길게는 8년까지 인슐린 분비 장애 문제를 해결할 수 있으므로 췌장 이식을 받을 때까지 충분한 시간을 벌 수 있다.

문제는 주입된 췌도가 췌장에 온전히 정착할 확률이 높지 않아서 환자 한 사람당 공여자가 2~4명은 필요하다는 것이다. 이 문제를 해결하기 위해 연구자들은 동물의 췌도를 사람에게 이식하는 방법을 궁리했다. 특히 돼지의 장기는 인간의 장기와 매우 흡사한 모습을 보이며, 그중에서도 상대적으로 구조가 단순한 췌도나 각막은 인간에게 이식 가능하다. 연구자들이 주목한 대상은 미니 돼지다. 장기의 크기와 기능이 인간과 비슷하며 임신 기간도 짧고 새끼도 많이 낳기 때문에 이식용 장기 수급이 용이해서다.

이종 장기 이식이 관련 기관의 승인을 받으려면 반드시 영장류 실험을 통과해야 한다. 췌도 이식의 경우에는 영장류 여덟 마리에게 돼지의 췌도를 이식한 후 그중 다섯 마리가 6개월 이상 정상 혈당 수치를 유지하거나 인슐린 주사 필요량이 현저히 줄어드는 모습을 보여야 한다. 오랜 기간 돼지 췌도 이식 연구를 주도해온 서울대학교 바이오이종장기개발사업단이 2015년에 최초로 이 실험을 통과했다.

돼지의 췌도를 인간에게 이식하기에 앞서 거쳐야 할 두 개의 관문이 있다. 하나는 면역반응을 일으키는 물질을 제거하는 것이고, 다른 하나는 돼지의 몸에 있는 레트로바이러스를 없애는 것이다.

서울대학교 연구진은 이식한 돼지 장기에 대한 면역반응을 원천적으로 감소시킬 방법을 찾아냈다. 우리 몸의 면역체계는 돼지 장기 표면에 있는 당분의 일종인 알파갈 alpha-gal 을 항원으로 인식하고 공격을 퍼붓는다. 알파갈 때문에 발생하는 면역반응은 사람의 생명을 앗아갈 정도로 강력하다. 이에 연구진은 돼지의 유전체에서 알파갈을 합성하는 유전자를 제거한 형질 전환 돼지를 만들었다.

레트로바이러스 retrovirus 는 원래 숙주에게는 아무런 해를 끼치지 않으나 사람의 체내로 옮겨왔을 때 감염병을 일으킬 수 있는 바이러스다. 이 바이러스는 아주 오래전부터 숙주인 돼지의 몸에 깃든 채 유난스러운 병증을 일으키지 않고 공존하면서 돼지의 DNA로 잠입해 들어갔다. 긴 세월 돼지와 공존하면서 일종의 잠복 상태가 된 레트로바이러스가 이식된 장기를 통해 사람의 유전자와 접촉하면, 바이러스의 특성상 유전자 교환이나 재조합을 통해 새로운 바이러스가 출현할 수 있다.

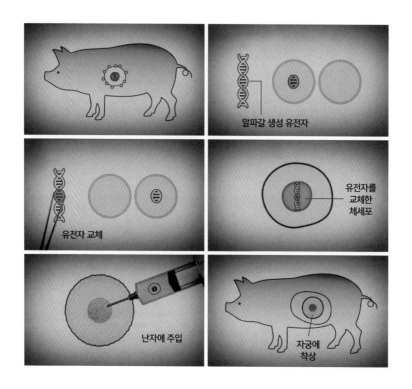

알파갈을 생성하는 유전자를 다른 유전자로 교체한 체세포를
돼지 난자에 주입한다. 이렇게 만든 복제 수정란을 대리모 돼
지의 자궁에 착상시켜 출산하면 알파갈 합성 유전자가 결여된
형질 전환 복제 돼지가 탄생한다.

서로 다른 종 간의 유전자 교환과 재조합을 통해 탄생한 바
이러스가 얼마나 무서운지 우리는 익히 알고 있다. 침팬지의 유
전체에 있던 레트로바이러스가 사람에게 옮겨오면 면역결핍을
일으키는 바이러스^{HIV}로 발현되어 치명적인 감염증을 일으킨다.
에이즈^{AIDS}라는 이름으로 잘 알려진 후천면역결핍증은 이와 같은 레트로바이러스의 종간 이동으로 생겨난 질병이다.

아직까지 돼지의 장기를 이식한 영장류 실험에서 레트로바이러스가 출현한 사례는 없지만 만 분의 일의 가능성이라도 존재한다면 미연에 봉쇄할 필요가 있다. 돼지의 레트로바이러스는 돼지의 유전체 안에 바이러스 유전체가 섞여 있는 형태를 띠기에 과거에는 제거할 방법이 마땅치 않았다. 그러나 이제 우리 손에는 유전자가위가 들려 있다.

최근에는 하버드대 연구진이 유전자가위를 이용해 레트로바이러스를 제거한 돼지를 탄생시키는 데 성공했다. 여태까지는 한 번에 한두 개의 유전자를 편집하는 게 보통이었고 다섯 개의 유전자를 바꾼 것이 최고 기록이었는데, 무려 62개의 돼지 유전자를 동시에 편집해 레트로바이러스를 제거한 것이다. 오스트레일리아의 한 생명공학 기업에서는 정상적으로 도파민을 생성하는 돼지의 뇌세포를 인공 배양한 뒤 면역반응이 일어나지 않도록 보호막을 입혀 사람의 뇌에 주입하는 임상에 들어가기도 했다. 돼지의 뇌세포를 활용해 파킨슨병을 치료하려는 시도의 일환에서다.

그러나 여전히 이종 장기 이식에 대한 우려는 남아 있다. 형질 전환 돼지의 장기를 활용한다 해도 면역 거부반응을 완전히 억제할 수는 없기에 계속해서 면역억제제를 써야 한다는 점도 걸림돌로 작용한다. 면역억제제는 환자의 면역체계를 전반적으로 뒤흔들어 다른 질병에도 취약해지게 만든다. 이에 몇몇 연구

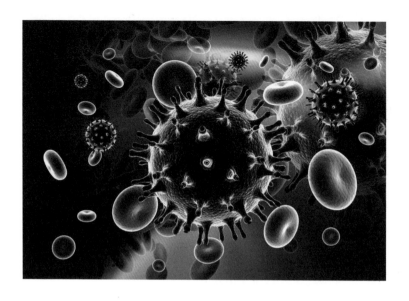

침팬지에게는 아무런 해를 끼치지 않던 레트로바이러스가 침팬지로부터 사람에게로 옮겨오면 병증을 일으키는 바이러스로 발현된다. 주로 면역세포를 감염시켜 면역체계를 무너뜨리기 때문에 인간면역결핍 바이러스라고 불린다.

자들은 이런 문제를 근본적으로 해결하고자 인간의 장기를 돼지의 몸속에서 키운 다음 이식하는 방법을 떠올렸다. '키메라 장기' 개념이 등장한 것이다.

2016년 미국의 동물과학자 파블로 로스는 돼지의 배아와 사람의 줄기세포를 이용해 키메라 장기를 만드는 실험을 구상했다. 그는 유전자 편집으로 돼지 배아에서 췌장을 형성하는 유전자를 제거한 뒤 사람의 유도만능줄기세포를 주입해 췌장을 형성하도록 했다. 이렇게 태어난 돼지는 다른 모든 부분은 어엿

한 돼지이지만 췌장만은 100퍼센트 인간과 동일할 터였다.

이 실험에 대해 사람들은 돼지의 배아에 주입한 인간의 줄기세포가 다른 형태로 분화해 두 가지 형질이 뒤섞인 기이한 생명체가 태어날지도 모른다며 우려했다. 반면에 로스는 인간과 동물의 유전형질이 뒤섞이는 일은 일어나지 않을 거라고 확신했다. 인간의 세포를 돼지에 주입해 만든 수정란은 돼지의 성장과정에 따라 자라나기 때문이나. 이에 더해 로스는 끔찍한 혼종이 발생할 가능성을 원천 봉쇄하고자 돼지 배아에 주입하는 유도만능줄기세포에서 다른 세포나 장기로 분화할 여지가 있는 유전자를 모두 제거했다.

이식수술 외에는 기댈 곳이 없는 환자들에게 안전한 장기

호메로스의 『일리아스』에 등장하는 키메라(좌)는 머리는 사자, 몸통은 양, 꼬리는 뱀의 모양을 한 괴물로 오늘날 혼종의 대명사가 되었다. 하나의 생물체 안에 서로 다른 유전형질을 지닌 세포가 공존하는 동물(우)을 키메라 동물이라 부른다.

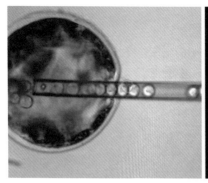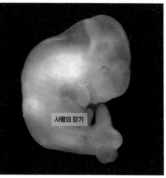

사람의 장기

돼지의 배아에 레이저로 작은 구멍을 내서 인간의 유도만능줄
기세포를 주입한다(좌). 췌장을 형성하는 줄기세포가 분화하
면 돼지 몸에 사람의 췌도가 자라게 된다(우).

를 공급하겠다는 목적으로 시작된 연구지만, 키메라 장기에 대
한 대중의 위화감은 좀처럼 가시지 않고 있다. 충분히 성장한 돼
지에게서 이식 가능한 장기를 떼어내고 나면 돼지는 어떻게 되
는 것일까? 인류가 생존을 도모하고 문명을 이루기 위해 돼지를
사육하고 식용으로 이용해온 역사는 모든 종이 서로 먹고 먹히
는 관계로 이루어진 지구 생태계 순환의 일환으로 이해할 수 있
다. 그러나 이들로부터 인간에게 이식할 장기를 취하는 일은 새
로운 수준의 착취이며 생명을 도구화하는 행위가 아닐까.

　　장기 제작 기술의 발전에 힘쓰는 것도 중요하지만 그에 앞
서 기술 개발 윤리에 대한 사회적 합의를 이룸으로써 지구상의
다른 생명체들과 공존 가능한 기술을 개발하는 것이야말로 만
물의 영장임을 자처하는 인간이 짊어진 책무이다.

멋진 신세계

트랜스휴먼의 도래

사이보그^{cyborg}는 기계와 결합한 인간을 뜻하는 말
이다. 신체의 일부가 기계로 교체되었지만 인간과 똑같이 사고
하고 행동할 수 있다는 점에서 로봇과는 다르다. 1970년대에 인
기를 끌었던 미국 드라마 〈600만 달러의 사나이〉의 주인공은 비
행기 사고로 한쪽 눈과 팔, 두 다리를 잃었으나 기계를 이식함으
로써 초인적인 힘을 얻었다. 영화 〈로보캅〉의 주인공 또한 갱단
의 계략으로 만신창이가 된 신체의 대부분을 기계로 바꿔 초인
으로 다시 태어났다. 기계 장치의 도움으로 신체적 장애를 극복
하고 오히려 보통 사람보다 더 뛰어난 신체 능력을 획득하는 것,
이것이 우리가 사이보그 기술에 기대하는 바이다.

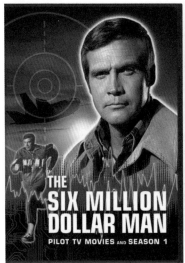

거의 반세기 전에 제작되었지만 아직도 많은 사람들의 기억 속에 선명하게 남아 있는 드라마 〈600만 달러의 사나이〉(좌)와 영화 〈로보캅〉(우)은 신체적 장애를 과학기술로 극복한 인간이 초인으로 재탄생하는 이야기다.

　　오늘날의 생체공학 기술은 아직 인간에게 초인적인 힘을 부여하지는 못하지만 망가진 신체를 복구하는 데 도움을 주는 수준에는 이르렀다. 인공심장박동기, 인공관절, 로봇팔, 바이오 프린팅 인공장기, 로봇 외과 의사, 나노 내시경 로봇, 웨어러블 기기 등에 대한 연구가 적극적으로 이루어지고 있으며, 몸속에 인공뼈나 인공혈액, 심장박동기와 같은 장치를 삽입하는 수술도 보편화되었다.

　　현재 가장 주목받고 있는 생체공학 기술 가운데 하나는 뇌

뇌-컴퓨터 인터페이스 기술은 뇌파를 통해 사물인터넷으로 연결된 장치들을 제어하게 해주는 기술이다. 연구자들은 생각만으로 가전제품을 조작하고 게임을 즐기며 인터넷 검색을 할 수 있도록 만드는 것을 목표로 삼고 있다. 그다음 단계인 뇌-뇌 인터페이스 기술은 생각만으로 다른 사람들과 소통하고 개인의 기억을 외부 저장장치에 보관할 수 있게 해주는 기술로서 최근 실리콘밸리 등지에서 적극적으로 연구되고 있다.

와 컴퓨터를 연결하는 인터페이스를 개발하는 것이다. 이는 생각만으로 컴퓨터와 기계 장치를 움직이고 인터넷상의 정보를 뇌로 직접 받아볼 수 있게 하는 기술로서 오랫동안 SF 작가들의 상상 속에서만 존재해왔다. 2017년 일론 머스크가 설립한 '뉴럴링크'는 이 분야를 선도하는 회사로, 인공지능과 인간의 뇌를 연동시키는 기술을 연구한다. 2021년에는 원숭이의 대뇌겉질에 뇌파를 모니터링할 수 있는 두 개의 뉴럴링크 칩을 이식하고 신경 활동 데이터를 전송받아 원숭이가 머릿속으로 가상의 탁구 게임을 하고 있는 영상을 공개하기도 했다.

1957년 영국의 생물학자 줄리안 헉슬리는 머지않은 미래에 기술의 힘으로 인간의 정신적, 신체적 능력을 개선해 인간이 지닌 생물학적 한계를 뛰어넘는 트랜스휴먼이 탄생할 것이라고 말했다. 그는 과학기술을 통해 인간뿐만 아니라 지구상에 존재하는 다른 생명체들의 진화 방향까지 좌우할 수 있게 되리라고 생각했다.

1957년은 인류가 최초로 지구 중력을 이겨내고 우주에 발사체(인공위성 스푸트니크)를 쏘아 올린 해다. 수많은 사람들이 저마다의 분야에서 DNA의 이중나선구조를 밝혀내고 반도체 트랜지스터를 개발하고 우주로 나아가는 문을 열어젖히는 모습을 보며 헉슬리는 기술이 만들어낼 신인류의 도래를 확신했다.

1990년대에 이르면 실제로 인체를 개조할 수 있는 과학 이론과 기술이 무르익는다. 이 무렵에는 이미 전 세계적으로 장기 이식수술이 활발히 이루어졌고 죽음을 앞둔 사람들에게 시신 냉동 보존 서비스를 제공하는 회사도 생겨났다. 인간 유전체 지도 작성이 한창 진행 중이었고 텔로미어가 발견되었으며 1세대 유전자가위도 개발되었다. 그리고 1998년 철학자 닉 보스트롬과 데이비드 피어스는 세계 트랜스휴머니스트 연합^{WTA}을 설립했다. 이들이 발표한 트랜스휴머니스트 선언문에는 다음과 같은 내용이 담겨 있었다.

"모든 사람에게는 유전학적 자유를 누릴 권리가 있다. 인간은 자신의 몸을 소유하고 자아를 형성하며 삶을 살아갈 근본적인 권리를 갖는다. '변화의 자유'란 개인이 지닌 생명 연장 및 향상의 권리를 보호하며 또한 강제로 그렇게 되지 않도록 보호하는 것을 말한다."

보스트롬과 피어스가 말하는 트랜스휴먼은 크게 두 종류로 나뉜다. 기계와 인간의 결합을 통해 생물학적 한계를 뛰어넘은 인간, 그리고 태어날 때부터 완벽한 유전자를 보유하게끔 설계된 인간이다. 오늘날에는 둘 다 어느 정도 실현 가능한 수준에 이르렀다.

기계와 인간을 결합하는 기술은 장애를 지닌 사람들에게 인공 보철물을 부착해주는 것에서 시작해 오늘날 미국 국방부에서 진행 중인 슈퍼 솔저 프로젝트(합성 혈청, 외골격 로봇 슈트, 통증 면역 주사, 수면 조절 약물, 뇌파 통신 칩 등을 활용할 계획이다)로 이어져왔다. 유전자 설계 기술 역시 중국에서 유전자 편집으로 탄생한 쌍둥이의 사례를 통해 알 수 있듯 기술적으로는 이미 구현 가능한 상황이다.

인류는 노화의 시계를 늦추는 방법을 연구하며 생명체의 설계도를 뒤져 나쁜 유전자는 제거하고 좋은 유전자를 잘 살려 쓰는 법을 터득했다. 수렵채집인의 몸에 어울리지 않는 환경 속에서 잘못된 식습관과 생활 습관을 갖게 된 탓에 만병의 근원이 되는 뱃살을 얻었지만, 현대 의학은 꽁꽁 숨어 있던 살 빠지는

더 똑똑하고 더 강인해진다면 우리는 일을 효율적으로 해치우고 더
많은 여가 시간을 보내게 될까? 어쩌면 전보다 더 많은 일을 하게 되
는 것은 아닐까.

지방세포를 찾아냈다. 우리 몸에 거주하는 작은 공생자들의 존재와 역할을 파악했을 뿐만 아니라 면역체계의 강력한 잠금장치를 풀고 몸 밖에서 만든 장기를 옮겨 심는 법도 알아냈다.

지금까지 일군 과학 문명의 성과만으로도 인간의 삶은 놀랍도록 개선되었으며 우리는 부지불식간에 기술이 선사한 편의를 수용해왔다. 어느샌가 우리는 자연선택에 휘둘리는 호모사피엔스가 아니라 만들어진 진화를 통해 스스로를 개조하는 트랜스휴먼이 되어가고 있다.

트랜스휴먼에서 포스트휴먼으로

줄리안 헉슬리의 동생이기도 한 올더스 헉슬리의 『멋진 신세계』는 하나의 완벽한 수정란을 복제해 태어난 쌍둥이들의 세계를 다룬 소설이다. 이들은 노화와 죽음의 공포가 사라진 세상에서 성적 자유와 말초적 쾌감을 누리면서 약물(소마)로 행복감을 충족하며 살아간다. 이상적인 미래를 그린 유토피아 소설이냐고? 아니다. 『멋진 신세계』는 디스토피아 SF의 대명사로 회자되는 작품이다. 철저하게 인간다움을 배제함으로써 완벽한 안정을 구축한 통제사회에 대한 묘사를 읽다 보면 오늘날 우리가 살아가는 현실의 빛나는 성취들이 그 '신세계'를 이루는 퍼즐 조각들은 아닌지 싶어 마음이 어수선하다.

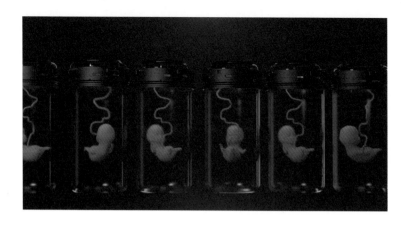

『멋진 신세계』에서 유토피아의 실체를 알게 된 '야만인'은 자신은 안락함보다 불편함을 원하고 신을 섬기며 시를 읽고 자유를 누리며 참된 위험과 선, 죄악이 공존하는 세계를 갈망한다고 부르짖는다. 유토피아를 통제하는 사람은 야만인이 원하는 것은 불행해질 권리이자 고통으로 괴로워할 권리일 뿐이라고 말한다. 결국 야만인은 세상과 동떨어진 곳으로 떠나지만 그곳에서도 자신이 갈망하던 자유와 평화를 얻을 수는 없었다. 인간은 자신이 속한 세상이 유토피아든 디스토피아든 그 안에서 살아가야 하는 존재다.

1986년 독일의 사회학자 울리히 벡은 '위험사회 이론'을 제시하며 과학기술의 무한 질주가 세상의 복잡성을 낳고 이를 통제하기 위한 과학기술이 발전해 또 다른 불확실성과 위험을 낳는다고 경고했다. 에너지를 활용하는 기술이 발전함에 따라 기후변화라는 문제가 발생하고, 기후변화에 대처하기 위해 각종 재생에너지 기술을 개발함으로써 그와 관련된 문제들이 새로 생겨나는 것처럼 말이다. 우리가 그 파급력을 미처 가늠하기 힘들 정도로 혁신적인 기술을 개발하면 우리 스스로가 감당해야 할 위험 또한 커진다.

한번 발전한 과학기술이 문제를 낳는다고 해서 이를 과거로 돌려보낼 수는 없다. 인류는 자동차를 타고 전기를 생산해 사용함으로써 기후변화를 일으키고 있지만, 심지어 환경주의자들조차 자동차와 전기 없는 삶을 살려고 하지 않는다. 그러니 사태가 더 이상 돌이킬 수 없을 지경으로 치닫기 전에 오늘날의 과학기술들이 안고 있는 문제에 대해 고민하고 하나씩 안전장치를 마련해나가야 한다.

인간과 기술이 융합하는 트랜스휴먼이 부상할 미래에 대비해 고려해야 할 문제에는 어떤 것들이 있을까? 첫째로 트랜스휴먼 기술은 윤리적 허용 기준을 정하기가 어렵다. 영국에서는 유전자가위를 사용해 인간 배아의 유전자 편집을 할 수 있지만 우리나라와 독일은 인간 배아 연구를 허용하지 않는다. 특히 독일은 나치 정권하에서 시행된 인종차별과 학살을 교훈 삼아 엄격한 배아보호법을 제정하고 인간 배아에 대한 인위적 개입을 금하고 있다. 우리나라에서는 치료를 목적으로 하는 경우에 한해 점진적으로 배아 연구를 허용할 필요가 있다는 목소리가 높아지고 있으나 이에 대한 법적 기준이 마련되지 않은 상황이다. 어떤 목적에 대해 어디까지 트랜스휴먼 기술을 적용할 수 있도록 할지 사회적 합의가 이루어져야 한다.

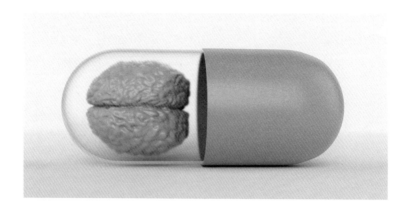

일반적으로 뇌의 인지능력, 기억력, 집중력 등을 증진하는 약물을 통틀어 누트로픽이라고 한다. 미국에서는 영양제나 건강 보조제의 형태로 시판되고 있다. 일부 제약 회사의 주장과 달리 연구자들은 누트로픽의 효과가 뚜렷이 입증되지 않았다고 말한다.

둘째로 우리가 생각해야 할 점은 불평등의 문제다. 언뜻 보기에는 모두가 과학기술의 발전으로 이득을 보고 그 성과를 누릴 수 있는 세상이 온 듯하지만 실제로 기술의 수혜를 입는 사람은 극소수에 지나지 않는다. 이를테면 미국의 아이비리그 학생들은 인간의 인지능력을 향상시킨다고 알려진 누트로픽^{Nootropics}이라는 약물을 널리 사용하고 있다. 우리나라에서는 의사의 처방이 없으면 구입할 수 없거나 마약류로 지정되어 반입이 금지된 약을 미국에서는 돈만 내면 얼마든지 사서 복용할 수 있다.

이는 돈으로 지성을 살 수 있는 사회가 머지않아 도래하리라는 점을 우리에게 시사한다. 이미 사회경제적 격차가 교육 수준의 격차를 낳고 있는 우리나라나 미국 같은 나라로서는 결정 타를 맞는 셈이나 다름없다.

또한 몇몇 제약 회사들은 약의 효과에 기초해 가격을 매기 겠다는 정책을 내놓았다. CAR-T 백혈병 치료제인 킴리아는 1회 투여 비용이 우리 돈으로 3억 5000만 원을 호가한다. 치료 효과 가 없으면 약값을 받지 않겠다는 것이 비싼 가격을 매긴 데 대한 이들의 명분이다. 합리성을 내세우지만 사실상 돈 있는 사람에 게만 팔겠다는 이야기나 마찬가지다.

우리나라는 의료보험 제도가 잘 정립되어 있어서 돈이 없 는 사람도 희귀 난치병이나 암, 노인성 질환에 대한 공공 의료 서비스를 제공받을 수 있다. 하지만 미국의 의료 불평등은 심각 한 수준이다. 2018년 기준 미국의 1인당 연간 의료비는 1200만 원 선으로 우리나라의 세 배에 이른다. 민간 의료보험을 적용받 지 못하거나 직장이 없는 사람들은 무보험자로 취급되어 공공 의료도 받을 수 없다. 치료제가 있어도 경제력 미달로 치료를 받 지 못하는 사람이 허다한데, 신체 능력을 강화하는 기술이 일반 화된다면 그 혜택이 누구에게 돌아갈지 안 봐도 뻔하다.

셋째로 고려해야 할 문제는 거대 기업이 데이터를 독점함 으로써 개인의 삶을 좌우하게 될 수도 있다는 것이다. 특히 의료 서비스의 형태가 데이터 중심의 디지털 맞춤 의학으로 전환되 고 있기에 이와 관련한 우려가 크다. 전화번호만 유출되어도 여 러 문제가 발생할 수 있는데 자신의 생체 데이터가 거대 제약 회

2021년 애플은 파킨슨병 환자 225명의 생체 데이터를 활용해 환자 맞춤형으로 도움을 제공하는 어플리케이션을 개발했다. 2018년에는 애플워치를 통해 떨림과 운동장애를 24시간 모니터링해 파킨슨병 진행 정도를 측정하는 앱을 출시한 바 있다. 당시 전 세계에서 1만 명이 넘는 사람들이 해당 프로젝트에 참여했다.

사와 바이오데이터 회사에 넘어가기라도 한다면 우리는 불안해서 잠을 잘 수가 없을 것이다.

최근 들어서는 IT 기업들을 중심으로 생체 데이터의 수집과 활용에 대한 관심이 폭증하고 있다. 2015년부터 애플은 리서치키트라는 플랫폼을 제공해 건강 관련 앱 개발을 지원해왔다. 플랫폼 공개 하루 만에 애플 제품 사용자 5500명이 개인 데이터 제공에 동참했고 저마다의 아이폰과 애플워치 센서로 다양한 생체 표지 데이터를 측정해서 플랫폼에 전송했다. 그와 동시에 애플은 유방암, 당뇨병, 파킨슨병, 심혈관 질환, 천식과 관련된 앱을 출시하며 디지털 의학을 구현하는 연구용 플랫폼으로서의 가치를 강조했다.

2020년 대한민국 산업연구원에서는 개인의 의료 데이터에 대한 일반 국민의 인식을 조사한 바 있다. 그에 따르면 우리나라 국민의 78퍼센트는 자신의 의료 데이터를 난치병 치료제 개발과 공공 의료 서비스 개발을 위해 제공할 의사가 있는 것으로 나타났다. 조사 대상자의 대부분은 개인의 의료 데이터는 개인의 것이고 언제든지 열람할 수 있는 자기 결정권이 있다고 여겼지만, 그렇게 정보를 이용해본 적이 있는 사람은 30퍼센트가 채 되지 않았다. 의사들과 연구자들은 자신들의 연구에 이로운 형태로 데이터를 수집하고 정리할 뿐 정작 데이터를 제공한 당사자에게는 도움이 되는 데이터를 제공하지 않기 때문이다. 그래서인지 스마트폰 등을 통해 수집된 자신의 정보가 해당 기업의 서버에 보관되고 있다는 사실을 인지하는 사람의 비율도 50퍼센트에 불과했다.

그 반면에 응답자의 70퍼센트 이상이 자신의 데이터가 악용될 가능성을 우려한다는 결과도 나왔다. 개개인의 데이터에는 큰 의미가 없더라도 모이면 가치가 생긴다. 방대한 데이터를 수집하고 분석하고 활용할 수 있는 주체가 데이터를 통제하는 것은 물론이요 데이터 수집과 활용에 대한 기준까지 세우고 있는 실정이다. 우리는 개인정보이용동의서의 승낙 버튼을 누르지 않으면 아무런 서비스도 이용할 수 없는 상황에 등 떠밀려 '전체 동의'를 누르고 소중한 데이터를 고스란히 내준다.

이런 위험은 트랜스휴머니스트에게는 기회로 작용한다. 오늘날 트랜스휴먼을 지향하는 사람들은 사회적, 경제적, 기술적으로 남들보다 우위에 있는 경우가 많다. 트랜스휴머니스트는 불완전한 신체를 업그레이드해서 인간이라는 종의 생물학적 한계를 뛰어넘는 존재가 되고자 한다. 이들 중에는 언젠가 인간을 뛰어넘는 인공지능이 출현하면 인류가 인공지능의 일부로 흡수될 수 있다고 생각하는 사람도 적지 않다. 2045년에 완전한 기술적 특이점이 찾아올 것이라고 예측한 레이 커즈와일은 그때가 오면 자신도 기계화되어 새로운 종으로 진화하길 꿈꾸고 있다.

한편 20세기 후반에 등장한 '포스트휴머니스트'는 트랜스휴머니스트와는 다른 관점에서 과학기술을 바라본다. 트랜스휴머니스트가 인간을 과학기술을 통해 인공적으로 개조하면 더 나아질 수 있는 존재로 여기는 반면에, 포스트휴머니스트는 인간이 과학기술로 둘러싸인 세상에 태어나 기술과 다양한 관계를 맺으며 살아가는 존재라고 규정짓는다.

프랑스의 과학철학자이자 포스트휴머니스트 브뤼노 라투르는 인간이 스스로 만들어낸 과학기술이 낳은 부산물에 대해 애정과 책임을 가져야 한다고 주장한다. 이러한 포스트휴머니즘은 과학기술 또한 살아 숨 쉬는 주체로 파악하고 인간과 과학기술의 공존을 모색하는 정신에 기초해 탄생했다. 기계를 비롯해 공동체, 동물, 자연 등 인간이 아닌 대상과도 상호작용하며 서로 간의 관계를 균형 있게 유지하는 일이 무엇보다도 중요하다는 것이다.

우리는 자연선택뿐만 아니라 과학기술이 주도하는 진화까지도 고려해야 하는 시대에 살고 있다. 파괴적 기술 혁신으로 인한 위험사회의 도래를 막으려면 기술적인 해법보다 사회적, 문화적, 제도적 해법을 모색해야 한다고 포스트휴머니스트는 주장한다. 기술은 우리 몸을 개선할 수 있지만 우리가 인간답고 행복하게 살아가기 위해서는 무엇보다도 살 만한 세상이 꾸려져야 한다. 그리고 그 세상은 현실에 대한 정확한 정보를 토대로 다양한 분야의 사람들이 끊임없이 토론하고 협력하면서 만들어나가는 것이어야 한다.

우리는 과학기술로 둘러싸인 세상에 태어나 과학기술과 다양한 관계를 맺으며 살아가는 존재다.

도덕적 진보의 힘

18세기 프랑스의 계몽사상가 니콜라 드 콩도르세는 『인간 정신의 진보에 관한 역사적 개요』에서 미래에는 의학과 기술이 진보하고 주거 환경이 개선되며 충분한 영양 공급이 이루어져 유전병이나 감염병, 일반적인 질병이 줄어들고 인간의 평균수명이 부단히 늘어날 것이라고 예측했다. 과학이야말로 인간이 완전성에 도달하는 수단이 될 것이라 확신하고 과학과 기술의 진보를 낙관적으로 전망했던 콩도르세는 과학의 진보에 인간의 지적, 도덕적 진보가 더해지면 자연법칙에 종속된 인간이 그 법칙을 수정하며 궁극적으로는 자연의 힘에 대한 균형추 역할을 하게 되리라 여겼다.

그로부터 200여 년이 지난 오늘날, 현대 의학과 바이오 기술이 일구어낸 성과는 콩도르세가 예측했던 미래상에 제법 근접한 것처럼 보인다. 인류는 오랫동안 수수께끼로 여겨져온 인체의 작동 원리를 속속들이 파악했다. 감염병과의 전쟁에서도 여러 차례 승리를 거두었고 한 세기 전보다 두 배 이상 수명을 늘리는 데 성공했다. 생명의 설계도를 샅샅이 훑어 나쁜 유전자를 제거하고 좋은 유전자를 잘 살려 쓰는 법을 터득했으며, 살 빠지는 지방세포를 찾아내고 우리 몸에 거주하는 미생물들의 역할을 파악해 공존을 도모하기 시작했다.

다른 동물의 몸속에서 인간의 장기를 기르며 몸 밖에서 만든 장기로 고장 난 장기를 대체하는 방법도 알아냈고, 체세포를 배아줄기세포로 되돌려 필요한 조직이나 장기를 배양할 수도 있게 되었다. 유전자 편집 기술로 암을 치료하고 난치병과 장애를 극복하는 것 또한 더 이상 꿈이 아니다. 인간은 자연선택에 의한 진화라는 자연법칙을 수정할 수 있는 도구들을 이미 손에 넣은 것이나 다름없다. 그러나 우리는 과연 얼마나 더 오랫동안 이 신의 도구를 순수한 질병 치료에만 사용하도록 묶어둘 수 있을까.

인류는 놀라운 지적 능력을 동원해 눈부신 과학기술적 성취를 이루어내고 이를 종種의 번영에 십분 활용해왔다. 애당초 이와 같은 결과를 낳은 원동력이 인간의 상상력과 실험 정신이기에 이를 억누른다는 것은 어불성설이다. 결국 우리는 끊임없이 실험하고 성취하고 획득하려 들 테고, 지금 가진 것 이상을 원하는 욕망을 통제하는 데 어려움을 겪을 것이다. 당신의 자녀가 아무런 위험 부담 없이 뛰어난 외모와 운동 능력과 높은 지능을 지닌 데다 병에도 걸리지 않는 몸으로 태어날 수 있다면 마다할 사람이 얼마나 될까? 머지않아 우리는 선택하는 것보다 선택하지 않는 것이 더 어려워지는 시대를 맞이하게 될지도 모른다.

인간이 완전성에 이르기 위한 모든 수단을 능동적으로 확장해나갈 것이라던 콩도르세의 예측은 아직까지 절반만 맞은 셈이다. 진보한 과학기술은 자연의 법칙까지 바꿀 수 있게 되었다. 그러나 콩도르세에 따르면 과학적 진보는 반드시 도덕적 진보와 결합해야 하며, 도덕적 진보란 모든 사람이 자신의 행동을 성찰하고 양심에 귀 기울이며 자신의 행복과 타인의 행복을 조화시키려는 감정의 습관을 기름으로써 더 큰 평등을 지향하는 사회로 나아가는 것이다.

개개인 차원에서 수행할 때에는 미약하고 덧없는 노력처럼 보일지라도 많은 사람들이 여러 세대에 걸쳐 쌓아 올린 도덕적 진보의 힘은 자연법칙과 이를 거스르려는 과학기술 사이에서 균형추 역할을 할 수 있다. 진보한 과학기술이라는 신의 망치가 소수의 전유물이 되어 불평등을 확산시키지 않도록 하기 위해서는 시민 한 사람 한 사람이 이성적으로 세상을 이해하려고 노력하며 선한 덕성이 사회의 근간이 되도록 힘써야 한다.

2017년 노벨 문학상을 수상한 가즈오 이시구로의 소설『나를 보내지 마』는 1990년대 영국의 외딴 시골 마을을 배경으로 세 젊은이의 이야기를 다루고 있다. 기숙학교에 모여 사는 학생들은 아름다운 자연에 둘러싸여 몸에 좋은 음식을 먹고 규칙적으로 운동을 하며 긍정적인 마음가짐을 지닌 채 하루하루를 보낸다. 그러나 이들의 실체는 장기 이식을 위해 만들어진 복제 인간이고, 목가적인 전원생활은 장기 상태를 최상으로 유지하기 위한 과정일 뿐이라는 사실이 차츰 밝혀진다.

스무 살을 넘긴 젊은이들은 수차례에 걸쳐 모든 장기를 빼앗기고 죽음을 맞이한다. 자신들이 나고 자란 목적이 무엇인지 철저하게 교육받은 이들은 저항할 의지조차 보이지 않으며 운명에 순응한다. 그리고 장기를 이식받은 사람들은 자신의 목숨을 구한 장기가 원래 누구의 것이었는지 알기를 거부하며 복제 인간들의 마지막 안식처였던 기숙학교를 폐교하기에 이른다. 이 소설에 등장하는 젊은이들의 모습에서 키메라 장기 배양 목적으로 사육당하는 돼지를 떠올리는 사람도 있을 것이다. 소설에서 묘사된 내용은 어디까지나 픽션이지만 생각보다 이른 시점에 논픽션의 영역에 근접할 공산이 크다.

우리는 인류 역사상 과학기술이 가장 발전한 시대에 태어나 과학의 진보와 떼려야 뗄 수 없는 관계를 맺은 채로 살고 있다. 수십 년 후의 우리 혹은 다음 세대는 과학기술이 바꿔놓은 세상에서 어떻게 진화한 모습으로 살아가고 있을까? 그것을 결정하는 것은 바로 우리 자신이다.

읽을거리

『건강하게 나이 든다는 것』, 마르타 자라스카, 어크로스

『길고 멋진 미래』, 로라 카스텐슨, 박영스토리

『김홍표의 크리스퍼 혁명』, 김홍표, 동아시아

『나는 미생물과 산다』, 김응빈, 을유문화사

『노년』, 시몬 드 보부아르, 책세상

『노화의 비밀』, 조셉 창, 서영

『노화의 종말』, 데이비드 싱클레어, 매슈 러플랜트, 부키

『늙지 않는 비밀』, 엘리자베스 블랙번, 엘리사 에펠, 알에이치코리아

『도파민형 인간』, 대니얼 리버먼, 마이클 롱, 쌤앤파커스

『멋진 신세계』, 올더스 헉슬리, 소담출판사

『미생물』, 다미앙 라베둔트, 엘렌 라이차크, 보림

『미생물과의 공존』, 김혜성, 파라사이언스

『미생물에 관한 거의 모든 것』, 존 잉그럼, 이케이북

『미생물에게 어울려 사는 법을 배운다』, 김응빈, 샘터사

『바디』, 빌 브라이슨, 까치

『바이오닉맨』, 임창환, 엠아이디

『불멸의 꿈』, 류형돈, 이음

『비만의 사회학』, 박승준, 청아출판사

『비만의 진화』, 마이클 파워, 제이 슐킨, 컬처룩

『빌 앤드루스의 텔로미어의 과학』, 빌 앤드루스, 동아시아

『생명과학, 신에게 도전하다』, 김응빈 외, 동아시아

『식탁 위의 미생물』, 캐서린 하먼 커리지, 현대지성

『아무도 죽지 않는 세상』, 이브 헤롤드, 꿈꿀자유

『알레르기 솔루션』, 레오 갤런드, 조너선 갤런드, 중앙생활사

『암 : 만병의 황제의 역사』, 싯다르타 무케르지, 까치

『왜 우리는 살찌는가』, 게리 타우브스, 알마

『우리 몸 연대기』, 대니얼 리버먼, 웅진지식하우스

『위험사회』, 울리히 벡, 새물결

『유전의 정치학, 우생학』, 김호연, 단비

『이기적 유전자』, 리처드 도킨스, 을유문화사

『인간 정신의 진보에 관한 역사적 개요』, 마르퀴 드 콩도르세, 책세상

『의학의 미래』, 토마스 슐츠, 웅진지식하우스

『의학의 법칙들』, 싯다르타 무케르지, 문학동네

『젊은 과학의 전선』, 브뤼노 라투르, 아카넷

『질병 정복의 꿈, 바이오 사이언스』, 이성규, 엠아이디

『진화한 마음』, 전중환, 휴머니스트

『크리스퍼가 온다』, 제니퍼 다우드나, 새뮤얼 스턴버그, 프시케의 숲

『포스트휴먼 오디세이』, 홍성욱, 휴머니스트

『포스트휴먼이 온다』, 이종관, 사월의책

『DNA 혁명 크리스퍼 유전자가위 』, 전방욱, 이상북스

만들어진 진화
POSTHUMAN

1판 1쇄 발행 2021년 10월 25일

지은이 양은영

펴낸이 김명중

콘텐츠기획센터장 류재호 | 북&레처프로젝트팀장 유규오
북팀 박혜숙, 여운성, 장효순, 최재진 | 북매니저 전상희
마케팅 김효정, 최은영 | 방송 이미지 데이터 정리 박태립
기획·책임편집 고래방(최지은) | 디자인 말리북(최윤선, 정효진)
인포 디자인 배수인, 안선영 | 일부 사진 진행 북앤포토 | 제작 재능인쇄

펴낸곳 한국교육방송공사(EBS)
출판신고 2001년 1월 8일 제2017-000193호
주소 경기도 고양시 일산동구 한류월드로 281
대표전화 1588-1580 홈페이지 www.ebs.co.kr

ISBN 978-89-547-5965-6 04400
ISBN 978-89-547-5667-9 (세트)